ここまで知らなきゃ損する

痛快 コシヒカリつくり

著●井原 豊
Ihara Yutaka

農文協

井原豊「への字型イネつくり」3部作の復刊にあたって

1980年代から、1997年に67歳で亡くなるまで、『現代農業』や単行本で健筆をふるった兵庫県の農家、井原豊さん。イネの力を信じ、「への字型稲作」で、もっとおおらかにイネを育てようと呼びかけ、語りかけた井原さんの言葉は、「への字」に育った太茎の痛快かつ豪快なイネ姿とともに、多くの農家を惹きつけていった。

そんな「への字型稲作」が、今、改めて輝きだした。徹底した低コストが「への字型稲作」の身上だが、これに加え、生育中期の活力が高いへの字のイネは高温障害に強く、刈取り時には鮮麗な熟色になって「天寿をまっとうする」育ち方はタンパクが残りにくく、食味向上につながると注目されている。

「今のイネつくりのすべてを逆にしたへの字理論は、イネの生理からみてほんとうの正しいイネつくりである。篤農家の稲作技術ではない。わが国稲作二〇〇〇年の集大成ともいうべき、日本古来の先人の知恵の塊である」と言い切った井原さん。現代のイネつくりに刺激的なヒントを与え、そして「知恵の塊」を伝える農家が書いた本として、私たちは井原さんのイネ3部作を復刊することにした。

復刊にあたって、それぞれに識者による解説を加えることにした。1998年、井原さんの早過ぎる死を悼む本『井原死すともへの字は死せず』が追悼集刊行会（事務局・山下正範）によって刊行され、そのなかで、橋川潮さん、宇根豊さん、稲葉光國さんが、井原さんから学ぶこと、引き継ぎたいことについて長文で本格的な考察をしている。20年以上前の文章だが、今読んでもたいへん示唆に富むものと考え、再掲載させていただいた。以下、3部作と解説について、簡単に紹介したい。

『ここまで知らなきゃ損する　痛快イネつくり』（1985年12月発行）

井原さんの初めての単行本は、同年7月発行の『ここまで知らなきゃ農家は損する』。徹底した低コスト栽培を追究する井原さんが、「肥料は経営を狂わす元凶だ」といったぐあいに、肥料や農薬、機械など、資材の買い方使い方で農家はこんなに損していると、歯に衣を着せず軽妙に指摘。「目から鱗」と大きな話題となった。そんな反響が続くなか同年12月、初めての稲作本『痛快イネつくり』が発行された。徹底低コストの「への字型イネつくり」の考え方と方法を『現代農業』の連載をもとに、筋道だててそれこそ痛快に表現した。

解説は、V字理論を真っ向から批判した数少ない研究者の一人である橋川潮さん（滋賀県立大学名誉教授・故人）。「水田の力　イネの力を信じる『への字』」と題し、水田の養分収支をめぐる研究成果にもふれながら、「すばらしい水田地力を100％活かそう」と提案している。

『ここまで知らなきゃ損する　痛快コシヒカリつくり』（1989年3月発行）

『痛快イネつくり』から4年後に発行。倒れやすくつくりにくい良食味品種をつくりこなしてこそ日本の稲作に将来があると井原さん。コシヒカリ・朝日・ハツシモなどの良質米栽培の指針として「への字型稲作」の魅力と自在なありようを存分に語っている。

解説は、元福岡県の普及員で、減農薬運動の推進役を担った宇根豊さん。「井原豊は何の扉を開いたのか」と題し、なぜ井原さんが書く記事や単行本が農家の心をつかむのか、「表現者」としての井原さんに焦点を当てて記述している。

『写真集　井原豊のへの字型イネつくり』（1991年3月発行）

井原さんのイネを撮り続けたカメラマンの協力を得て写真集にまとめた。「自分のイネと比べながら、いつどのぐらいの姿をめざすかをわかっていただければ、への字型稲作の真意を理解願えると思う」（「まえがき」より）

解説は、稲葉光國さん（民間稲作研究所代表）。「二十一世紀稲作の主流　環境保全型稲作の基礎を築いたへの字型稲作」と副題にあるように、「環境保全型農業」推進の立場から「への字型稲作」の技術のしくみと価値を明らかにしている。

本復刊3部作が、これからのイネつくりを考える素材に、そしてイネつくりのおもしろさが膨らむ「稲作談議」の一助になれば幸いである。井原豊さんもそれを願っていると思う。

２０１９年10月

一般社団法人　農山漁村文化協会

まえがき

これからのコメづくり。いままでつくってきた倒れない多収型のまずいコメでは経営は成り立たない。売れるコメ。米屋がとびついて買うコメ。消費者がいくら高くても納得して喜ぶコメ。コメの消費拡大は、味をおいてほかにない。

おいしいコメ。コシ・ササに代表される良質米は国際価格の何倍の値段でも売れる。とにかくよいものはよいのである。その、よいものをさらによく。うまい品種をさらにうまく。恐ろしい農薬を極限まで減らして。倒れやすいものを決して倒さずに。生産コストを何分の一かに下げて。これが〝への字型稲作〟である。

コシ・ササ信仰を非難する声も多い。コシ・ササは全国的に多農薬で危ない、という声もある。名につられて不適地にまで栽培して凶作を招く愚もある。また、暖地で無理にコシヒカリをつくらせての地域ぐるみの大失敗などは、寒地技術をそのまま暖地へもってきた指導者の愚である。

三類の政府米にしか買ってくれない安物品種にいつまでもこだわる暖地の稲作は、このあたりで大改革しなければなるまい。それには、土地により〝朝日〟であってよい。〝ハツシモ〟であってよい。

良質米とは倒れやすくてつくりにくい品種のことである。これをつくりこなしてこそ日本の稲作に将来がある。

本書に力説する〝への字型稲作〟は省力で低コストである。良品質・増収である。そんなウマイ話があるものか？　と当惑と混乱を感じられようが、いまの稲作技術のすべてを逆にしたへの字理論は、イネの生理からみてほんとうの正しいイネつくりである。篤農家の稲作技術ではない。日本二〇〇〇年の稲作歴史の集大成ともいうべき、日本古来の先人の知恵の塊である。

本書は、筆者の四十数年にわたる稲作経験をもとに、前著『ここまで知らなきゃ損する　痛快イネつくり』の続編として、コシヒカリ・朝日・ハツシモなど倒れやすい良質米をつくりこなす指針としてとりまとめた。この理論は、究極の稲作理論と自負している。

少肥、少農薬でコストは低かったが収量はイマイチ。でもかまわないではないか。収量は天候が決める。コメの収量は反収何キロではない。反収何万円か。これが今後の農業経営を決めるのである。

農家のみならず、指導機関もなりふりかまわず、メンツをかなぐり捨てて検討してほしい。

平成元年三月

井原　豊

目次

第三章　良質米（コシヒカリ）の　への字型栽培

第六章　有機栽培による良質米づくり

第七章　良質米品種の特性と選び方

第一章
なぜコシヒカリが倒れるか

倒れにくいうまいコメなんてありえない

自然は正直である。うまいものはつくりにくく、つくりやすいものはまずい、という地球上の自然のルールは変えることができない。

倒れないコシヒカリをと、気の遠くなる年月と莫大な費用で育種家は一生を賭しているが、倒れない良質米なんて自然は許さない。

うまいコメのルーツは、西日本の朝日と北の亀ノ尾である。これの程よい結合で、良食味だけをもって出たのがコシヒカリである。そしてコシヒカリは亀ノ尾よりも、朝日よりも食味がよく、いわば突然変異的な良質米であり、今後二度とこれ以上のものは世に出ないであろう。

こうした良質米はすべて長稈で弱く、つくりづらいのであって、逆に短稈で倒れないイネにうまいコメはない。

倒れるイネを倒さないでつくることこそ技術、これが本書の真骨頂である。コシは倒れてあたりまえ、と考えてはいまいか。

イネ本来の育ちをしていないから

鉢植えした一株のコシヒカリ。どんなに大きく育っても倒れない。減反田に自生したコシもどんな台風が来ても倒れない。

元来植物は自分で立って、自立する能力をもつものだ。充分の日光と風通しさえあれば。いいかえると、自分の生活環境さえ満足にあればどのようなひ弱いものでも自立する。

立ったままで一生を全うしたいのに、人間様がアレコレと倒れるような手をうつからいけない。コシも朝日もハツシモも「イネ本来の自然な育ちをさせてくれ！　それなら倒れずに立ってます」と泣いている。

第１図　尺角植えの私のコシヒカリ

本来の自然な育ち、とは日光と風の通ること。刈取り時でも株元にチラチラ日がさすようにつくることだけ。それは尺角である（第１図）。坪四〇株以下の疎植である。肥え気が多いと尺角でも過繁茂する。

だから坪何株、という表現よりも、坪何本の種数、または坪何万粒の粒数、といった表現のほうが適切かもしれない。

とにかく、出穂後なお、株元に太陽がさし込む程度に育てれば倒伏はしないものだ。

茎が細くて剛性が足りないから

良質米は背丈が長いから倒れる、とはひと口にいえない。長くても倒れないこともある。短くても倒れることもある。問題は、長さに見合う茎の剛性だ。

良質種は元来この剛性が足りない。だから剛性をもたせるようなつくり方をすればいい。それは、イネ本来の育ちをさせることにつきるが、人間がお手伝いすることは疎植にすること、そしてチッソを少なくすることの二つである。

チッソが少ないと生育量が足りないから減収する。いまいっているチッソを少なく、というのは、茎が伸び切ったときに少なくすることである。早くいえば穂肥を入れてはダメ、ということだ。

コシヒカリのつくり方は早い話、分けつ最盛期の出穂四〇日前は垂れ葉の出るぐらいまっ黒にチッソがきいててもよい。そして、草丈の伸び切った出穂期にチッソが切れてリン酸やカルシウムのきいた剛性に富む、ゴワゴワした茎になっていればよいのだ。そのつくり方がへの字なのだ。

剛性をもたせるために出穂三〇日前から過リン酸（過石）をやるのも一つの方法（第四章で詳述）。だが、２４・ＤやＭＣＰなどやるのは剛性をもたせることにならない。根がやられて茎がもろくなっている。２４・Ｄをやったコシヒカリは、台風でポキッと根元から骨折する。

剛性とはしなやかさも兼ね備えることをいう。しなやかな柳は台風で折れない。頑強な樹木は台風で折れる。さらに硬い大木は根元からひっくり返る。

根がしっかりしてないから

イネの品種には根の強弱という特性がある。みのる田植機は、苗箱を苗代から取り上げるときに、品種によって根の強弱がはっきりわかる。

私の育成した旭富士というイネ。これはすごい根の強度だ。他用米専用のアケノホシもすごく硬い根だ。しかし、コシヒカリはすごく弱いので苗取りはまったく抵抗がない。

これである。コシヒカリの倒れる原因は、横根・上根が非常に弱く切れやすいので、根元から倒れるのだ。だから、上根・横根を切らない配慮が必要になる。出穂後は新しい上根が伸びてこないか

第２図　出穂14日前のコシヒカリ（８月11日）

一升ビンが小さく見えるほど太茎で開張している。

ら、田面の軟弱なときは決して田の中を歩かないことである。また、歩いても根を切らないように田を間断かん水して固めておくことである。

それと、根が丈夫に育つようなつくり方である。コシヒカリでも驚くほど太い根は出る。それはへの字型につくった尺角植えのイネである。

出穂三〇～四〇日前、チッソ肥効が充分あって、むやみに強力な中干しをしてなければ、ガッシリした太い根が張っている。このころにＶ字型のイネは根がやられ、密植のイネは細い根しか出ていない。茎が太ければ根も太い。茎の太さと根の太さは比例する。茎の太さと穂の大きさが比例するように（第2図）。

V字型稲作をするから

Ｖ字型の指導は茎数にこだわりすぎる。一本でも多く茎数をとろうとする。だから密植になる。一株植込み本数が多くなる。初期に元肥多量で細いクズ分けつがワッと出る。大きくなっても茎は細い。細いのが数多いから競りあって上に伸びる。中期チッソの抑制でも、どんな手を打っても伸びる。そして穂肥で茎が軟くなる。

これじゃ倒れないのが不思議だ。農協指導のコシヒカリ。全国一律総倒伏。見事なものだ。日本中で、立っているコシヒカリはへの字型につくったコシだけである。毎年、皮肉にも「施肥改善実証田」と大書した農協の立看板の立っている田は必ずローラー倒伏している。その隣りのへの字イネはシャンと立って一〇俵どり！

第3図 田植え直後のコシヒカリ尺角植え

尺角疎植にしないから

イネ本来の育ちをしないからである。良質長稈種は坪四〇株以下が基本である。うすく植えるほど倒伏に強い（第3図）。

朝日・ハツシモなども、普及所は「分けつのとれない品種は必ず密植して穂数を確保するように」と指導する。わざわざ倒すように指導する。ホント素人のあさましさだ。そんなことという指導者はズブの素人である。

分けつのとれにくい長いイネほど疎植にするのである。たとえば、山田錦という超銘柄の酒米。坪七〇株に植えると一株一〇本にしかならない。半分の坪三五株の正方形植えにすると一株二〇本

第4図　穂ぞろいがすばらしい疎植のコシヒカリ

第5図　コシヒカリの着粒

平均130粒、大きいものでは180粒あった。

第6図　噴水状に開張したコシヒカリ

になる。坪当たり同じ穂数である。同じ地力で同じ肥料でこうなる。

　ところが茎の太さは段ちがい。穂の大きさは段ちがい（第4、5図）。背丈も疎植のほうが短い。尺角の正方形植えが段ちがいに強く、モミ数が多い。

　コシヒカリ。密植しただけで倒れる約束をしたことになる。ハツシモ・朝日・山田錦も尺角。それも正方形植えが理想である。

　ついでだが、同じ坪三六株でも、正方形植えと並木植えとでは性格が変わる。並木植えは隣りの株と個体干渉で、根が早くからからみあうので分けつが抑制される傾向にある。そしてその分、ダラダラと肥効がつづく。

　正方形は個体干渉が遅く、遅い時期に一挙にく

第7図　尺角植えと並木植えの倒伏のしかたのちがい

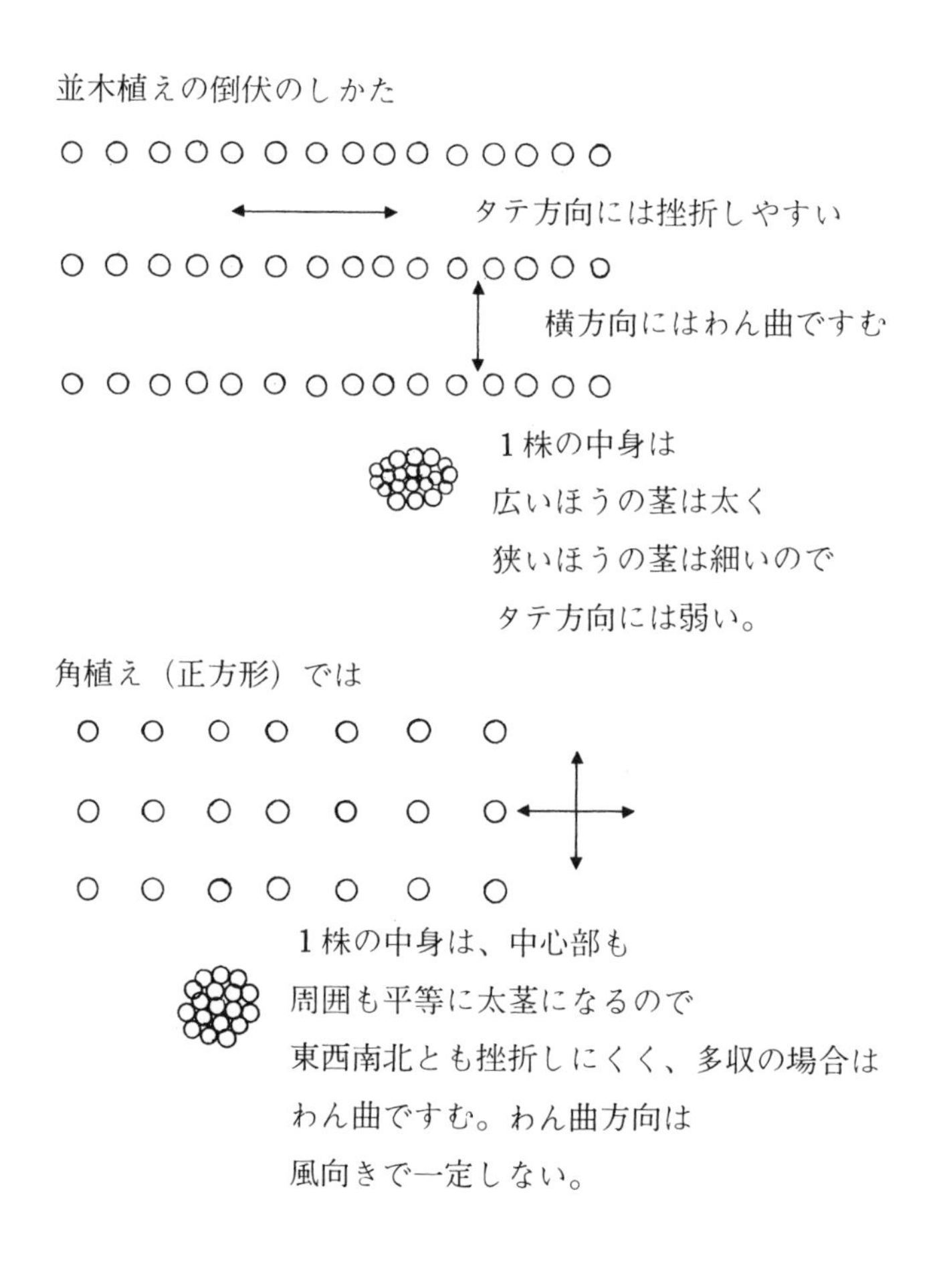

将棋倒しになる
並木植え

わん曲でつっぱる
尺角植え

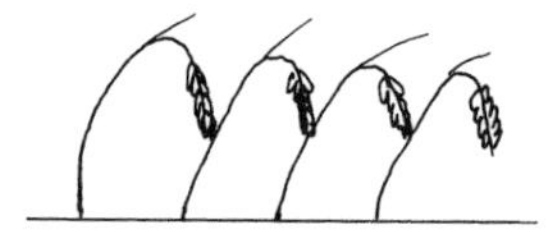

る。分けつは思いのままにして、止まるのがピタリとくる、という傾向だ。あくまで傾向であり、そのときの肥効で変わるが、良質長稈種は正方形のほうが倒伏に対して有利なことはまちがいない。

尺角植えをするとイネの姿は開張してＶ字型になる。生育曲線のＶ字型論じゃなくて、姿がＶ字型だ。噴水状に開くから、一株四〇本に分けつしても、株の内部は根元まで日光がさし込む（第６図）。だから下位節間が伸びず、太い茎になって倒伏に絶対有利となるのである。

そして第７図のように尺角植えは多収の姿だとわん曲する。わん曲して隣りの株で突っ張り、それ以上倒れなくなる。並木密植は将棋倒しになる、というちがいがある。

水を入れすぎるから

水の力はすごい。コシヒカリを倒す原因に水は大きく影響する。

水はどん欲に入れるほどイネの草出来はよい。節水は生育を絶対に抑制する。これが結論である。だから、イネをよくつくろうと思えばいつもタップリ水を入れること。そのかわり倒伏が待っている。倒したくなければ節水管理すること。そのかわりチョロ出来になる。

〝節水栽培〟という言葉は、元来慢性的な水不足から生まれた言葉だ、と書物で読んだ。それほど水を潤沢に入れるということは、イネを多収に向かってよくつくることに通じる。

事実そのとおり。できすぎて倒れる、と思ったら節水、間断かん水することである。ほんとうは水を潤沢に入れて肥料をやらない。これが正解なのであるが、うっかり肥料を入れすぎたとか、堆肥の入りすぎだとか、のときに節水は倒伏防止に役立つ。さきほどの横根を切ってはダメ、と書いたことと関連があり、出穂後に田に入りたいときは、節水で田を固めることが大切。

だが、節水も度をすぎて田を乾かしすぎると根が活力を失う。下葉は確実に枯れ上がる。中干しするだけでも下葉は必ず枯れる。とにかく、田を干せば下葉が枯れる。これは確実である。根が弱るからだ。そして、節水が度をすぎると稈疲れ倒伏がある。

また、水質汚濁がひどい地域では、水そのものが肥料である。水の入れすぎは多肥栽培していることになる。

モンガレが出ているから

快調に分けつがとれ、快調に色があせて出穂期を迎えた。けれどちょっとできすぎで、ひょっとしたら倒れないかナ、との心配がよぎる。よし節水管理だ、てんで水を切りすぎると、アッという間にモンガレが出て、稈の下半分は葉鞘に力を失っている。刈取り間際のやさしい雨でペタッとくることがある。

これが稈疲れによる根の老化とモンガレ倒伏である。刈取り直前の倒伏なら米質や収量にはほとんど影響がないが作業がやりにくい。一方刈りをさせられるし、こんな田はコンバインロスが多くなる。コンバインロスの分、減収だ。

よくできて、一〇俵とれそう！　というコシヒカリやハツシモ・朝日など、出穂後のモンガレにご用心。八俵どりぐらいの出来のイネにはモンガレはこない。九俵以上の出来になると、必ずモンガレの防除を検討しなくてはいけない。

穂肥をやるから

施肥法で詳述するが、への字イネは原則的に穂肥はやらない。良質長稈種はよほどのことがないかぎり穂肥はやらない。コシヒカリはまず、絶対といっていいほど穂肥にチッソをやらないことだ。

穂肥。コシなら出穂一八～一五日前。朝日・ハツシモなら二〇～二三日前に、チッソ正味量一～二キロをやるのだが、よほどのヤセ田でないかぎり、できればやらずにガマンする。

この時期にチッソをやったって一粒もモミがふえるわけじゃなし。品種の特性として良質長稈種は、穂首分化期のチッソ切れでも、減数分裂期のチッソ切れでも、モミは退化しないのだ。肥食いの日本晴なんかすごい退化があり、チンチクリンの穂になってしまうが、コシなんか無肥料栽培でも大きな穂が出る。

「着粒は茎の太さに比例する」ということをよく知ってもらいたい。茎さえ太ければ、チッソ切れでも穂は大きい。

だから何のために穂肥をやるのか。せっかく葉色が淡くなっていまから茎が硬くなろうとするときに、わずか一キロでも化学チッソをくれてやるとせっかくの努力が水泡に帰す。穂肥チッソで茎が軟化して倒伏するのだ。

指導要綱にうたわれている穂肥の効用は、「上位葉の葉緑素を増すことによって光合成を活発にし、穂首付近の二次枝梗のモミ退化を防ぎ」とある。

この学問がまちがっている。現状の肥料学は試験管内では正しくても、現場では正しくないのだ。穂肥の効用はを、弊害は、と私は書き直す。良質米には、穂肥は効用より弊害が目立つからだ。

穂肥の害は、葉は青くするがモミの充実がわるくなり、青米の乳がいつまでも乳のままってことである。モミはサッと黄熟し、サッと枝梗が枯れる。一枚の田の中で、刈取りごろ見るとよい。よくできて青々とした場所は、いつまで待っても乳のままのモミが穂首にしがみついている。ヤセ出来の場所は乳のモミは一粒もなく、黄熟モミの枝梗も刈り取るまで青い。

これである。これが暖地のイネの生理である。

穂肥を入れて茎葉を青く保つと、イネの体全体が呼吸作用がはげしくなり、体を維持するのに昼間のデンプンを消耗する。とても子供にエサをやる余裕がない、自分自身の維持に精一杯、というのが原因である。

モミにデンプンを送るだけの光合成は、黄緑色の上位葉で暖地は充分なのである。

アゼ端のイネの穂を見よ！　肥切れして色はあわれなのにモミの充実のいいことよ。暖地ではアゼ端だけ刈れば反収六石はいとも簡単！

「肥料でとる」という考えがこびりついているから

「コシヒカリはつくりたいが倒れるのでネ」。百姓のみんなが口をそろえていう。

「バカじゃなかろか。倒れるのは肥料のやりすぎ。肥料やらなんだら倒れへんゾ」。

「そりゃそやけど、肥料やらなんだらコメとれへん」。

だからバカじゃなかろか！　といってやるのだ。なかろかだけ余分だ。

コシは少肥品種、という特性を知らないのか。知っていても肥料やらんとコメとれん、という考えがこびりついているのか。

コシヒカリ育成秘話に「化学肥料万能時代に警鐘を打つ」というのがある。多肥栽培、それも化学肥料ばかりで土つくりを忘れた日本農業を、コシを推奨することで化学肥料の使用を抑えよう、というねらいがあったという。

なのにどうか。コシづくりを、日本晴みたいな肥食いと同じように肥料を入れさせる農協指導。それもコシヒカリ専用化成だなんて、詐欺みたいな肥料こしらえて、全国一律に総倒伏させている農協。

この罪は万死に値する。

わが兵庫県の名高い酒米、山田錦。これも同じ手口で、山田錦専用化成なるものを奨励している。中味は、N10・P15・K18の尻上がり化成で、何のことはないカリが多いだけ。

こんなにカリ過剰にするから余計に倒伏させることになる。こういった特殊化成は商売人には付加価値高く、値段はばか高い。カリ過剰の害は第四章で詳述するが、コシも山田錦も、朝日も、NK化成で倒すように教えられている。これも罪万死に値するシロモノだ。

話を元に戻そう。コシは少肥品種だから、日本晴の二〇～三〇％のチッソ量で同じ量のコメがとれる。これが倒れやすい性格を克服する最良の手段である。

早くいえば、コシは正味三キロのチッソ量で一〇俵のコメとれるってことだ。地力が格別なくともだ。

それがへの字型稲作なのである。

六〇〇キロの目標を立てるから

全国どこの農協の栽培暦をみても、「良質米コシヒカリ・六〇〇キロどり栽培暦」なんて書いてある。六〇〇キロ＝一〇俵、という数字がキリがいいのか、六〇〇キロが夢の大台なのか。北陸のコシどころなら七〇〇キロなんて、夢はデッカク景気がいい。

実はこのデッカイ目標がくせもの。増収意欲をかき立てるに役立っても、暦どおりにやればやるほど総倒伏。それも毎年ちょっとした雨風で。

兵庫県北部での話。農協栽培暦どおり忠実に、ケイカル土改剤の施用から始まって防除も肥料も模範的に実行した篤農家。台風も来ないのにシトシト雨で乳熟期にベタごけになった。腹が立ったその人は農協に怒鳴りこんだ。

「これだけ指導に忠実にやってこの有様。隣りの、への字型とかいう硫安一発のイネはよくできてシャンとしているのに、一体どうしてくれるんだ！」。

「ことしは戻り梅雨で中期が軟弱に育ったから仕方ない」と営農指導員の苦しい答弁。

台風や豪雨のないこんなにおとなしい天候の年でこの総倒伏に、篤農家は農協不信感を強めた。こんな話は日本中ざらにある。

倒伏防止にと多量のケイカルを入れさせられ、茎を硬くするためにとカリ肥料をどんどん入れさせられ、倒伏軽減にと高い価格のセリタードを入れさせられ、何の役にも立たないどころか総倒れ。六〇〇キロどり目標がいけないのだ。コメ六〇〇キロとるにはチッソ何キロ、リン酸だのカリだの、ケイ酸だのと計算するなまじの成分学がコシヒカリにとっては迷惑千万なのだ。まるで水耕栽培をするみたいに成分をやかましくいう。大地と雨の天然供給について学問的にいろいろいってはいるが、実際面では計算に入ってこない。

それと、やはり農家も指導者も、肥料入れんと作物は育たないと思い込んでいるのだ。

結論として、なぜ六〇〇キロどり目標はいけないのかである。

私はコシは八俵どりと目標を立てている。目標はデッカクではなく控え目に、だ。コシはコメとれんでもいい。倒さずにきれいなコメとれたら、農薬も使わんコメだったら、高く売れる。消費者はいくら高くても買ってくれる。よしんば天候に恵まれず、ほんとうに目標どおりの八俵どりに甘んじたとしても、一俵三万円以上の値がつけば、一二俵とった値打ちがある。

欲のない目標で肥料を控えれば、七俵目標が九俵に、八俵目標が一〇俵出る。最初から一〇俵をね

らうから倒して五俵となる。

農協の栽培暦。「コシ八俵どり」と改めれば成功するかもしれない。

台風よ来い！というイネでなくちゃ

コシヒカリや長稈良質米が倒れる。

これは品種がわるいのではない。人間がわるいのだ。欲の深い人間が欲を出すからなんだ。茎数をとろうと密植するから、大きな穂を出させようと穂肥をふるからなんだ。

よくできた年は「これならとれそう」と張り切る。ちょっとでも葉色がさめようものなら、待ってました、とばかり肥料をふる。百姓はもう、肥料をふりたくてふりたくてムズムズしている。栽培暦にも、やれと書いてある。

それでも、倒れない年があろう。風なかりせば、雨なかりせば。たとえ倒れても収穫直前なら、「倒れたけどコメようけあった」と満足する。そんな年は十年に一度だ。たまにとれても天候のマグレ当たりでは安定性がない。雨風なかりせば、では百姓落第！

それより毎年八俵でも九俵でもいい。たまには人様より少なくても百姓は一〇年平均が勝負だ。

台風が来りゃいいのに！　台風が来たら皆こけて自分のだけが立っているのに。私自身も毎年こう思いつづけている。何も人様の不幸を喜ぶわけではない。がこれが篤農家の本音である。

台風よ来い！といったコシヒカリをつくろう。それにはへの字型イネしかない。

倒して五俵になるよりも、いつもニコニコ笑って三石。これだ。

第二章

への字型で良質、減農薬のコメづくり

への字型とはV字型の正反対に育てること

への字型育ちとは、イネにかぎった言葉ではない。地球上のすべての生物、人間を含めて動物も、育ちはへの字型が基本である。

花き栽培も初期生育が穏やかなのがよい。果樹もそうである。家畜も人間も、大器は晩成である。への字型とは、生長の葉色、肥効曲線がへの字を描くことをいう。V字型稲作が主流の現代の指導技術のまったく反対のやり方と生育過程をいう。イネそのものの姿ではない。

これは何ら新しい技術ではない。新しい理論でもない。自然のイネの生理そのままである。前著『痛快イネつくり』の冒頭にも書いたとおり、堆肥だけで土地を肥やして自然栽培するとへの字型に育つ。また、減反田に自生したイネを見てもへの字型に育っている。

それは、生育の初期はすこぶる穏やかで葉色は淡くて直立する。病気も虫も、いっさい出ないでスローペースで育つ。

一カ月も経過して分けつ最盛期ごろ、気温も上がり、土中有機物も分解して生育に勢いがつく。すなわち生育中期はガンガン育つのである(第8図)。まっ黒な葉色をしているのに葉は垂れないでシャキッとしている。

生育後期、穂ばらみごろになると、イネはひとりでに止葉など上位葉が色がさめてくる。ぼつぼつ土中の肥料分を食いつくしたか、といった色になる。穂は止葉からすんなりと出て開花を終えると、こんどは止葉にがぜん活力が出て色が黒く戻る。

傾穂は早く、モミの色は鮮やか。刈取り前になっても枝梗が先まで青い。穂首の二次枝梗も充実早く、乳のままの青モミがない。止葉は黄緑色で冴え、生き葉四枚(第9図)。コンバインで生脱穀しても、枝梗が生きているからモミのつけ根は青く、青モミがないのにモミ水分はかえって高い。

自然稲作をすると、このようなイネになるのである。人間が施肥したり調節したりしないイネは、このような育ちをするのである。

この育ち方をさせるのがへの字型稲作であり、V字型のつくり方とはことごとく反対となっている。自然から学んだ無理しない稲作と、イネのもつ能力を殺した人為的な調節稲作と、どちらが耐病性や耐倒性があるか、どちらがコメがうまいか、どちらがコストが安いか、自明の理であろう。

地力もなければ堆肥も入れない、イネわら還元だけ、という日本の標準的水田では、自然栽培では収量は上がらない。それでも、コシヒカリを完全無肥料栽培すると、自動的にへの字型に育ち、七俵ぐらいはどんな田でもとれる。

への字型コシヒカリ

出穂34日前

出穂24日前

第8図　生育中期にガンガン育つ

田植1週間後

出穂45日前

第9図　10俵どりのコシヒカリ

止葉が黄緑色に冴え、生き葉4枚。

このことは、全国的な自然栽培団体が長年にわたり実証している。

なのに、たくさんの化学肥料を入れ、むやみやたらと農薬をまいて、生長抑制剤や倒伏軽減剤までやって、あげくの果てに全面倒伏させている。これが全国のコシヒカリづくりの実態である。無肥料無農薬で七俵とれる。肥料農薬漬けにして倒し、五俵しかとれない。いったいどうなっているのか、今の指導は。

日本の標準的水田では、自然栽培では収量が七俵ぐらいしか上がらない、といった。だから化学肥料のお世話になる。この化学肥料のちょっとした入れ方、これがへの字型につくるコツである。

生育そのものがへの字であればよい

①初期生育を無肥料により淋しくつくる。
②中期最高分けつ期、出穂五五～四〇日前に始めて施肥して太い分けつをとる。
③穂肥チッソを入れないで逆に硫酸カルシウムやリン酸により生育を引き締める。

への字稲作の育て方をひとくちにいえばこうである。詳細は順を追って書いてゆくが、V字型指導とはまったく反対のやり方である。こうしてイネ本来の生育をさせるということである。

私のいうへの字型施肥をとらなくても、イネがそのような育ち方をすれば、それが自然の多収稲作なのである。

たとえば惰農が苗つくりから失敗して活着力のないわるい苗を植えた。田植後の大雨で冠水した。元肥には化成肥料の三袋もぶちこんでいるが活着しないから出てこない。出てこんから焦って追肥をする。梅雨が明けて土用のカンカン照りにやっとイネは目覚めて遅ればせながらガンガン出てくる。こうなると完全なへの字型。中干しをしようが一向にイネの勢いは止まらない。八月に入って休みなく生育して周囲のイネと逆転する。最終的に思いがけなく多収する。

そして十月の雨量である。九月も末になれば用水に水は流れなくなるので、コメ粒の肥大は十月の雨次第となる。とくに砂地漏水田では、十月に台風などで雨が多いほどコメがとれている。耕土の浅さも有機物も無関係に。

だがこれは偶然に過ぎぬ。ふつうなら初期過繁茂―後期ガサガサの凋落コースのはずが、何かの障害で初期生育がわるかっただけの偶然であり、毎年こうはゆかぬ。運よくへの字に育ってくれただけ。もし初期に何も障害がなく好天に恵まれれば、初めっから順調にとばして凋落コースになる。

指導機関による作況発表でも、六〜七月好天で分けつ草丈ともに生育順調の年は案外中身は不作。生育初期に分けつ不良と発表される年は多分豊作である。全国的作況もへの字型生育で豊作となる。

私のいう「出穂五五～四〇日前一発施肥」は、毎年への字型に育つように施肥を省略するだけにすぎない。

この施肥法にとらわれずとも、イネがそのように育つように仕向ければいいわけで、それがイネとの相談である。

暖地技術は寒地に通用するが、寒地技術は暖地に通用しない

への字型のつくり方は、何も倒れやすい良質米だけにかぎったことでない。どんな品種をつくっても低いコストで増収する。

もともとV字型稲作は、寒地の多収技術をもとに組み立てられている。

それは、初期に生育を充分に確保するために、密植・厚植え・元肥多量。中期に無効分けつを抑えるために、強力な中干し・チッソ肥効中断・生育抑制。晩期に多量の穂肥・実肥で追い込み。

この寒地技術が暖地にどれほど悪影響を及ぼしたことか。その害は、初期の過繁茂・中期の凋落・晩期の倒伏青米・収量停滞をおこしている。なぜか。

初期茎数確保の考え方が、暖地では高温すぎて過繁茂しすぎること。中期に抑制する考え方がイネを衰弱させ、根が弱り、先発分けつが枯死してゆく。細い初期の分けつが影になって日光を受けられず、高温下甚しい消耗で凋落衰弱。そして晩期の追い込みチッソ過多は上位葉の過繁茂と枝梗の間伸びとなり、温度較差のないことで肥満体の維持にデンプンが消費され、モミ袋にデンプン転流がお留守になる。

晩期追い込みの多いイネほど止葉は黒いのに、枝梗は早枯れ、乳状の青モミは刈取り時期がきても乳のままである。

こうした寒地技術は、寒地で成功しても暖地では必ず失敗する。寒地技術を暖地に押しつけては暖地イネは迷惑千万なのである。

その例は、片倉式稲作実肥尿素をどんどん刈取り直前まで何回もやる方式。そして小西式コシづくりの出穂期に最高のチッソ肥効を出す方式。また、富山の穂肥のドカンドカン方式。どれもこれも、暖地でこれをやると、前半どんなに淋しくつくっても一〇〇%ローラー倒伏となる。出穂と同時の雨でムシロをひいたように絶対に倒れる。

小西式コシづくりで七俵以上とった人の話をきいたことがない。雨風のない年ですら刈取り寸前の雨でベタ倒伏ってこともある。倒れたけどコメはあった、では百姓落第である。台風が来ても倒れないコシを育てなきゃ安定とはいえない。

それにくらべ暖地方式のへの字型は寒地にもっていって成功する例が多い。赤松勇一氏の麦あとのササニシキ一四俵どり、なんて、への字型育ちの典型であり、新潟や東北でも坪四〇株植えへの字イネが、人にだまって多収している。

寒地技術は暖地に通用せず、暖地のへの字技術は寒地に通用するのである。

肥効と生育のピークをどうもってゆくか

生育のすすみ方のタイプを第10図に示した。

第10図　生育（肥効・葉色）曲線のタイプ

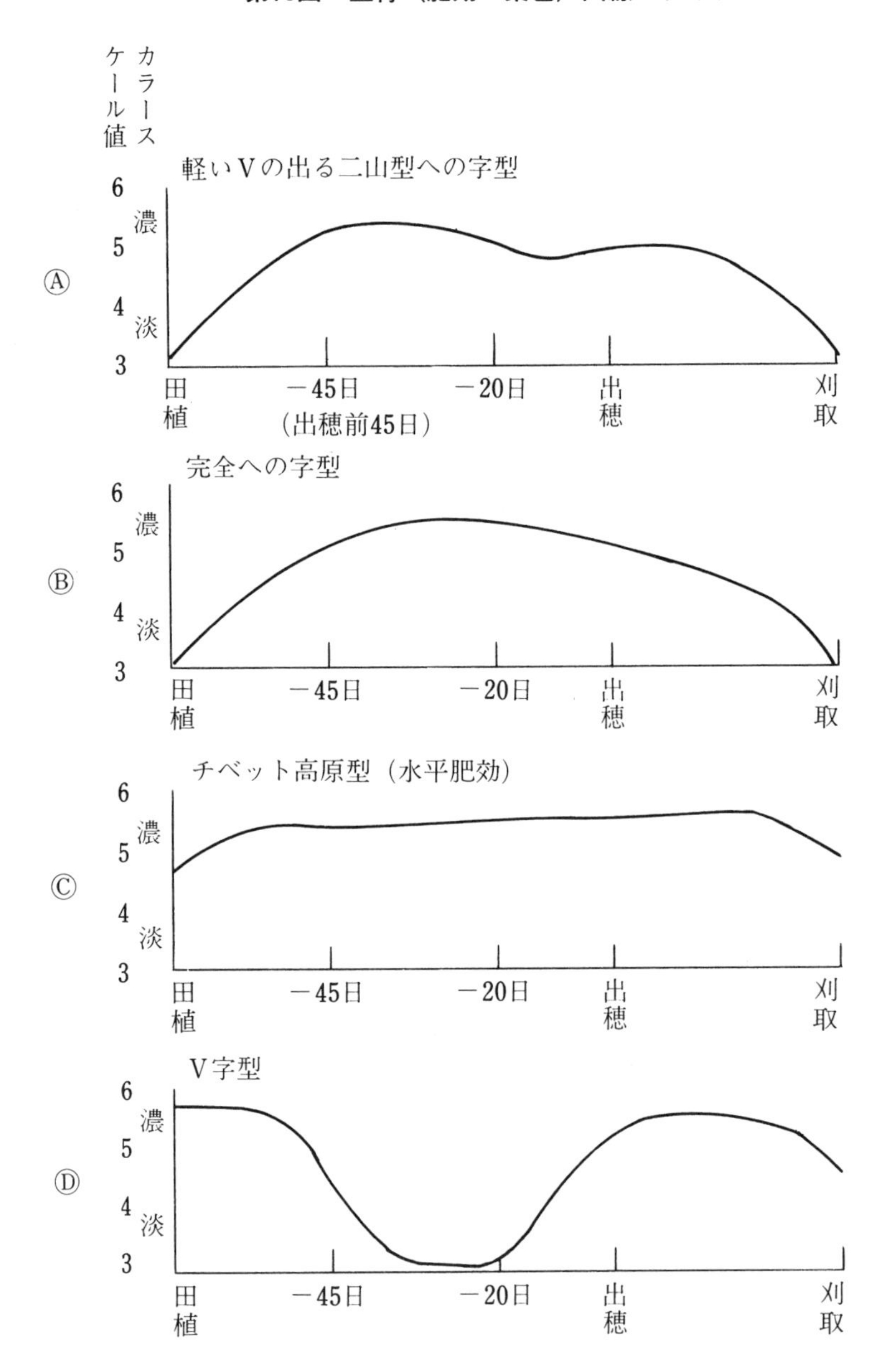

◆Ⓐ二山型のへの字型

堆肥だけで自然栽培すると二山型の図のような生育曲線になる。また、尺角とか尺二寸角の手植えも、このタイプに育てる。このタイプがいちばんよい。

ふつう、への字イネは出穂四五日前に本格的施肥をするが、寒地や連休植え早期栽培のコシヒカリは五〇～五五日前に施肥時期を早める。それは、四五日前が六月二十日ごろになり、梅雨入りを目がけて多量のチッソをやるわけにゆかないからである。そのため、一〇日ほど早めて五五日前の六月十日ごろに施肥するのがよい。

このように出穂五五日前に正味二～三キロのチッソを施肥すると、二〇日前には肥切れが始まり、軽いV字型の二山型の生育カーブになる。コシヒカリ以外の良質米と、普通稲はここで穂肥をやれるが、コシヒカリはガマンして乗り越えるほうがよい。どうにもガマンしきれないほど黄化したら、一五日前ごろ、正味一キロていどのチッソをやってもよい。これは地力による。穂肥チッソをやらずに乗り切れるだけの地力がほんとうはほしいのである。

この二山型のへの字型の葉色曲線が、稔実歩合の高い理想的なでき方である。

いわば軽度のV字型稲作とへの字型稲作の両方の長所をもった折衷案型といえる。

コシヒカリなど長稈良質米は、元肥ゼロ、四五日前一発施肥チッソ二〜三キロでゆくと、二山の谷が出穂一〇日前ごろになり、こうなると出穂時に色がさめて理想的である。

◆Ⓑ完全なへの字型

暖地の晩生品種はこのタイプがよい。晩生種の良質米、朝日・ハツシモもこのタイプになる。コシヒカリはこのタイプになると尺角疎植ならもつが、坪四五株以上植え込んでいる密植では倒伏の危険がある。

このタイプは最も低コストで、完全に穂肥が省略できる大農向けである。すなわち、元肥ゼロ出発⇩四五〜四〇日前チッソ四キロ一発施肥⇩穂肥なし、超省力で倒れずにかなりの増収となる。なぜならば、二五〜三〇日前ごろがいちばん肥効の高い時期で、有効茎歩合が非常に高く、二五日前に出た遅発分けつも一〇〇粒の一人前の穂になるからだ。良質米は尺角でこのタイプとし、悪質米は坪四〇〜四五株でこのタイプの肥効にもってゆくのが最高の収量がある。

低コスト稲作のためには、手間の省ける四五日前一発施肥のこのタイプにかぎられる。

◆Ⓒ水平肥効のチベット高原型

堆肥の入れすぎた田なんか、無肥料出発してもこのタイプになる。活着後色が出てきたら、のべつまくなしにまっ黒で、いちども葉色の淡化なし。追肥も穂肥もいっさいやらなくても、上がりっぱなしで下がることを知らない。

良質長稈種で密植では例外なく倒れる。肥食いの短稈多収型の品種でも危いし、倒れなくても稔実歩合の低下が甚しい。分けつはすごく、ものすごいわら量になる。

のべつまくなしに葉色がまっ黒なら、出穂三〇日前ごろから過石を二〇～三〇キロずつ二回ほどやることである（肥料の項で詳述）。過石をドカンドカンとやると、Ⓐの二山型への字型になってくる。

牛ふん堆肥や鶏ふんなど捨て場的な入れ方をした田んぼは、必ずチベットになるから、田植えの方法を変えることで倒さぬようにする。それは尺二寸角（坪二五株）植えで一～二本の細苗にすることだ。だが、倒さずにすんでも、このようなイネはコメがとびきりまずい。青米も多くて品質も劣る。五石どりの超多収をしようとすると、堆肥をぶちまけて尺二寸角か尺二寸×尺五寸の一本植え、という方法がある。コシヒカリでもこれなら量だけはとれるが、食味はお呼びでないし腹白米が出る。

◆Ⓓ従来のV字型

このV字型は、ⒶからⒸまでのタイプとは、はっきりしたちがいがある。四〇日前から一〇日前までのいちばん肝心な高温時期に葉色がさめている。淡くなっただけならよいが、黄化して完全に夏バテしている。根も活力を失い、下葉がどんどん枯れ上がる。先発分けつと遅発分けつの両方が死んでゆく。分けつ最盛期に四〇本あったものが、出穂時に二〇本に退化するのはこの時期の栄養不良による。イネも土用のカンカン照りの下では、ノドは乾くし、ハラも減る。

コシヒカリなど倒しちゃならない、とばかり、この時期にすごくチッソ抑制すると同時に倒伏軽減剤や24・Dなどをまく。そして葉がよれるほど中干しする。このため完全に根が参ってしまい、過繁茂ぎみだと生き残りの茎が上へ上へと伸びる。

そして穂肥をドカンとやって茎全体を軟らかくし、出穂後のやさしい降雨でベッタリ！　となるわけだ。

「V字型はそれなりによい」と前著に書いた。このV字型がよいのは程度の軽いV字型、さきほどのⒶタイプのようなのがよいのであって、V字の谷の深いのは失敗を招く。

への字型ならばこその低コスト

への字稲作はコストをかけない稲作である。コストのちがいを第1表にまとめた。

◆肥料代は反二万二〇〇〇円の節減

まず肥料代。単肥使用の場合、硫安一五キロ＝四〇〇円、過石二〇キロ＝七五〇円、マグホス二〇キロ＝一二〇〇円、計二三五〇円。

これっきりである。硫安でなくオール一五の高度化成を使っても合計で三五〇〇円である。ケイカル、ヨウリンなどの土改剤なるもの、そして秋耕時のわら腐熟用の石灰チッソも使用しない。

一方、農協指導型は単位農協により資材はまちまちで計算しにくいが、石灰チッソ・ケイカル・ヨウリンに始まって、本田施肥合計は平均して二万五〇〇〇円を要する。

農協型とへの字型では、肥料代だけで実に反当二万二〇〇〇円の節減。コシヒカリ一俵分のコストダウンに成功した。そして収量は、いい年で同量、倒れる年でへの字型は二～三俵の増収。そして肥料代だけにとどまらず、施肥の労賃を加えると、もっと額は大きくなる。

第１表　への字型でコストはどのくらい下げられるか（10a当たりコシヒカリ）

	農協指導Ｖ字型稲作	への字型稲作
冬期	わら腐熟石灰チッソ20kg 2,350円 ケイカル 200kg 5,300 アヅミン・ヨウリン 8,000	何も入れない 0円
田植え	なるべく早い時期に なるべく密植（坪70株）	なるべく田植えを遅らせ なるべく疎植（坪40株）
元肥	リンスター・重焼リン40kg 3,000 高度化成 40kg 3,500	何も入れない 0円
追肥	活着肥・ツナギ肥　高度化成 20kg 1,750 ケイサンカリ 20kg 2,000	出穂45日前 硫安 15kg 400円 過石 20kg 750円
穂肥 実肥	２回にわけ高度化成 20kg 1,750 ＮＫ化成 10kg 800	マグホス 20kg 1,200円
肥料代計	28,450円	2,350円
農薬代	平均８回 20,000円	除草剤・殺虫剤各１回 2,800円
労賃	反当 1,000円 18回 18,000円	反当 1,000円４回 4,000円
合計	66,450円	9,150円

ここでもう少し説明を加えたい。それは、硫安だけでいくか、化成を使うか、という点である。

これは百姓自身のお好みによる。大農家は単肥配合の手間がたいへんならば化成がよいだろう。またそこそこの地力があれば硫安一発でリン酸もカリも抜きで超低コストもよいだろう。

なまじっかの肥料学を気にする人は、とても硫安オンリーなんて度胸はないだろう。肥料は三要素ないとダメ、と信じている人はかわいそう。

私がこういうと、世の識者？は「井原はんの田んぼは堆肥が入って地力があるからこそ硫安一発なんていってるんだ。普通の人がこのマネをしたってコメはとれっこない」と。

かわいそうな識者である。やってみもせずに、理論上だけで硫安一発はダメ、と決めつけるのは浅はかである。やってダメなら三要素やったらよい。やらずにコトを決めつけては困る。四十数年間やってきた実際家のほうが、学者や識者より確かだってこと。硫安づくりをバカにしないでほしい。

◆農薬代は反一万七〇〇〇円の節減

への字型の特徴は、肥料代の節減のみならず農薬代が極端に少なくなることだ。それは虫見板による害虫の観察という減農薬技術も必要だが、への字型につくると虫が来ないのだ。病気が出ないのだ。元来、減農薬になるつくり方なのである。それは、イネ本来の生育をするからである。

コシヒカリは倒れやすいうえに病気に弱い、との定説。これはイネ本来の生育をさせてないからである。

コシヒカリは耐病性満点の多収品種である、と定説を覆してもよい。

なぜか。
①疎植にするから通風採光よく、イネは健康で葉は厚く硬く菌があっても発病しない。
②初期生育が穏やかだから強剛で健康、色が淡いからウンカなどが敬遠して集まらぬ。

③穂肥にチッソをやらないから穂首イモチの心配は皆無。

④麦作地帯に悩みのシマハガレ病には相当に強い特性。

これですべてである。V字型稲作とは正反対だから、病虫害も正反対。への字コシにイモチは出ない。ウンカはつかない。モンガレ出ない。農薬代がバカ安くついてあたりまえ。そして低農薬米として付加価値がその上につく。

いかに耐病性がつく、といってもイネはよく観察しなければならぬ。それは、周囲のイネが黄化する中期に、への字イネはまっ黒。このころに来る害虫は集中する。これは泣きどころであるが、防除はこれ一回でこと足りる。ツト虫メイ虫、コブノメイガである。早期栽培ではウンカも飛び込む。への字イネでは、殺虫剤と名のつくものは出穂三〇日前に一回だけ、よくきくものをまかねばなるまい。早期栽培ではイネミズゾウムシが来るがこれの防除はまったく不用である。

イネミズは、幼虫が根を食う速度と、イネの苗の発根力との競争である。イネが負ければやられる。イネが勝てば被害は少ない。防除なんて不用の理由はここにある。発根力の強い良苗を疎に植え、肥料分が少なければ発根力は太く逞しい。イネミズが食えば食うほど根を余計に出す。イチゴや茄子の葉をもぐのと同じ、葉をもげばもぐほど新葉が出る。

への字イネでは除草剤は普通並みにやらねばならないが、殺虫剤は三〇日前一回、金額にして八〇

○円か一〇〇〇円までで終わり。倒伏軽減剤なんて三〇〇〇円もするものも不用。出穂後にもモンガレ防除の必要のあることもあるが、金額はわずか。

農薬コストをくらべてみる。

農協型なら本田防除まず平均反当二万円。への字イネなら除草剤ともに反三〇〇〇円。ここでまた反当一万七〇〇〇円のコスト安。さきほどの肥料代と合わせ、反当四万円、コメ二俵分儲けた。人件費反当五〇〇〇円を上のせすると四万五〇〇〇円の低減。

航空防除のある地域ではこのようにはいかないが、低コスト稲作とは肥料農薬代で反当三万〜五万円の節減をすることをいう。

農協や指導機関のいうコスト低減というのは、この肥料農薬代のコスト低減のことはいっさいいわないで、機械代だの集落営農だの、湛水直播だのと、ピント外れのことばかり騒いでいる。機械代なんてどこへ行っても同じように必要なんだ。機械なくしてコメづくりはできないのだ。

◆疎植で苗箱も半分ですむ

への字稲作では良苗でなければ成功しない、ということではない。よい苗なら人並み以上に増収できるだけで、人並みのわるい苗であってもかまわない。

ちがう生産費

普通農協における栽培				私の栽培	
〈肥料〉				〈肥料〉	
土改材	石灰チッソ	20kg	2,350円	牛ふん堆肥5t　わらと交換	無料
	ケーカル	200kg	5,300円	硫安　10kg	300円
	アズミン・ようりん		8,000円	過リンサン　40kg	1,500円
本田肥料	リンスター	40kg	3,000円	小　計	1,800円
	化成肥料	90kg	7,800円	〈小麦跡の肥料〉	
	ケーサンカリPK	20kg	2,000円	尿素　10kg	450円
	小　計		28,450円	硫安　20kg	550円
				過リンサン　40kg	1,500円
				麦わら腐熟用バクテリヤ	1,300円
				小　計	3,800円
〈農薬〉				〈農薬〉	
(種子消毒・苗箱消毒)				(苗)	
	ケミロンG	500倍	100円	—	
	タチガレン	〃	150円	—	
	ダコニール	〃	100円	—	
	バイジット	1000倍	100円	バイジット	100円
	ベンレートT	200倍	100円	ベンレートT	100円
(育苗中)					
	ダコレート	400倍	200円	—	
	キルバール2回	500倍	200円	キルバール1回　500倍	100円
(本田防除)……個人防除				(本田)	
	一発除草剤	3kg	3,000円	除草剤オーザ2.5kg	2,100円
	2・4D. MCP		500円	—	
	バイジットミプシン粒	3kg	1,270円	—	
	セリタード	3kg	3,000円	—	
	アルフェート粒	3kg	1,380円	—	
	レルダンバシバッサ粉	4.5kg	2,300円	殺虫剤パダンナック 3kg	700円
	ビームジンバシタックスミ	6kg	3,700円	—	
	キタランガードナック	6kg	2,100円		
	ポップメート	6kg	1,800円		
	小　計		20,000円	小　計	3,100円
肥料農薬計			48,450円	肥料農薬計	
				小麦跡の田	6,900円
				春田	4,900円

その差　約43,550円

○堆肥を入れない人は肥料代反5,000円あれば充分である。土改材を入れるかわりに鶏ふんを入れたとしても、肥料代は反5,000円がらみである。

第2表　こんなに

コメの生産費比較（1ha規模10ａ当）			コメ生産労働力比較（1ha規模10a当）		
	世間平均	への字型（筆者）		世間平均	への字型（筆者）
労　賃（男子1日1万円として計算）	37,500円	15,000円	種まき	1.5H（時間）	1.5H
種苗費	3,000円	反当1kg 500円	育苗	2.0H	1.5H
▶肥料代	28,500円	1,800円	耕耘（5回）	20PS以下 4.0H	25PS以上 1.5H
農薬代	20,000円	3,100円	田植用意	2.0H	0.5H
光熱費	4,000円	5,000円	苗取・田植	3.5H	1.5H
諸材料費	2,300円	2,000円	箱と機械洗	1.0H	1.0H
水利費	7,000円	5,000円	補植	4.0H	0.5H
賃借料	8,600円	8,000円	肥料ふり	8回 4.0H	2回 0.5H
建物、土地改良費	4,400円	4,000円	農薬ふり	8回 4.0H	2回 0.5H
農具償却費	43,000円	40,000円	刈取乾燥	2条刈 4.0H	3条刈 3.0H
計	158,300円	84,400円	計	30.0H	12.0H

その差　反7万円　　　　その差　40％

○上の表で、▶印より上のコストは、いつでも下げることができるが、これより下のコストは固定経費であり、省略することができない。

稲作の基本技術として、うすまきの健苗育成は当然のことであるが、従来どおりの二〇〇グラムまきの、かいわれ大根のような苗でもへの字稲作は可能である。増収は思うに任せなくとも低コストは確実である。

ここで、良苗でも悪苗でも疎植が条件、となるが、坪七〇株と三五株植えとでは苗箱はキッチリ半分である。育苗費は確実に半額。田植機の動きも半分で寿命倍増。

このように、苗つくりから刈取りまでにかかった経費をトータルして、何割の削減じゃなく、何分の一かに削減、この低コストは真のコストダウンであり、への字型稲作しかできない芸当である。

なお、私の稲作の生産費と一般のちがいを五四ページからの第2表にまとめたのでご覧いただきたい。

第三章 良質米（コシヒカリ）への字型栽培

への字型の育て方

◈ 初期をとにかく淋しくつくる

低コストで増収するには生育初期の育ちが淋しいことが第一条件である。田植後一カ月間はあわれなほど淋しくなくてはいけない。

そのためには、

①苗そのものを黄色く育てる
②疎植する（坪四〇株以内）
③一株植込み本数を二本にそろえる
④元肥に化学チッソはやらない
⑤有機質チッソは田植後すぐきかないような入れ方をする

どんなヤセ田でもこれは守るべきで、初期が淋しいほど五〇～四〇日前の追肥が大胆にやれる。四五日前の追肥が大胆にやれた田は最後に必ず茎数は思ったよりふえている。

もし、初期生育が好調だと四五日前の本格元肥的追肥がやれなくなる。この追肥がやれないイネはV字型のコースをたどり、への字育ちにはならないし茎数も最終的に少ない。

背丈ののびやすい良質米は、下位節間をのばさないために涙ぐましい技術と努力が指導されている。いわく、元肥と分けつ肥によって、初期茎数確保。四〇日前からチッソ中断と中干しの徹底。倒伏軽減剤セリタードの散布。MCPや24D。そして穂肥と実肥にどんどんカリをやる。こうして高い資材と何回も労力をかけ、イネをいじめにいじめて。あげくのはてベッタリ骨折倒伏。

コシヒカリづくりは、そんなことしなくったって元肥ゼロですべて解決。元肥を入れた時点で下位節間がのびることが約束されている。どんなに上手にV字型にもってゆこうと、チッソ中断しようと。イネが初期に繁茂することだけで、どんなにあがいても下位節間がのびる素質になってしまう。

元肥ゼロで初期が淋しいってことは、全生育量が少ないことに通じる。田植えを遅らせたのと同じ結果。生育期間が短いのと同じ。横に広がるのに忙しくて上にのびるヒマがない。それで背丈は短稈におさまるのである。極端な話、タバコ跡のコシヒカリ、七月中下旬植えで背丈はチンチクリンの短いものになる。生育期間は長いほど背丈は長くなって当然だ。

このごろは、水の富栄養化がひどく、濁った水には相当量の肥料分が含まれている。元肥ゼロでスタートしたのに活着と初期が快調で、元肥多量のイネと変わらない地域が多くなった。都市化で汚い水の地域は、山間清流地域にくらべて多量に元肥をやったのと変わりない。水の汚い所では一グラムも化学チッソをやってはならない。

清流地域でも元肥はゼロで出発する。イネを活着させるぐらいの養分は土がもっている。

◈中期を最大限につくる

中期というのは分けつ最盛期のことで、出穂五〇日前から三〇日前の間である。この時期に多量のチッソをぶち込む。早い田植えの地域では田植え後一カ月をすぎたころになる。

元肥多量のイネはガツガツ分けつしすぎて四〇日前には必ず色がさめ、穂肥までもたない。いくらツナギ肥や穂肥をやってもクズ分けつとクズ穂ばかり。V字型のイネのお決まりコースになる。そのうえ強力な中干しとチッソ中断で夏バテ。中干しで根が深く入る、なんて大ウソ。チッソがなければ根はのびないのだ。葉緑素があって初めてデンプンが生まれ、これを栄養に根がのびる。

元肥ゼロのイネは出穂四五日前ごろは淋しいがそれでも目標茎数の七割はとれている。尺角疎植なら目標の五割だろう。ここでドカンとチッソがやれる。出穂四〇～三〇日前にはイネはバリバリ出てきて、穂肥が入れられなくなる。穂肥ごろにイネが黒ければ「穂肥を入れたんだ」と思えばよい。元肥で儲け、穂肥でまた儲けてしまう。

とにかく平均して出穂四五日前に肥料をやる。量は、これがいちばん大切なところ。何キロやれとはいいにくいが、コシヒカリならばチッソ正味量二キロから四キロの間である。これ一発で施肥終了するのだから、分けつ肥も、穂肥も実肥も兼ねるぐらいだ。その量は、

初期が淋しいほど地力のないほど多量に

初期そこそこに出ていれば少なく

初期から勢いがよければやらない

のは当然で、ここをまちがえないでほしい。元肥ゼロスタートだから、四五日前に何が何でも施肥する、では困る。イネと地力との相談である。だが、だいたい心配は無用である。

なぜ心配無用か。たとえば清流地域で、ヤセ田で無肥料出発した。ま、過リン酸一袋ぐらい気やすめに入れといたとしよう。水は冷たいし、気温は低いし、色が淡い。しかし着実に茎は太くなり、数本に分けつしている。こんなコシヒカリなら、ここで思い切って、早期栽培なら五五日前、五月下旬植えなら五〇日前、六月植えなら四五日前に、化成肥料二〇～二五キロ、チッソ成分で三・五～四キロをぶち込んでよい。入れて一週間すると色が出てくる。気温が低いほど日数がかかり、高いほど早く色が出る。

ヤセ出来のイネはほんのり色が出るだけで、とても垂れ葉になることはない。そして相当に長もち

するのだ。だから、イネの色が淡ければ四キロものチッソをぶち込んでも、なかなか素知らぬ顔をしているものだ。ヤセ出来のイネは根が深く入っているので、表層に肥料をまいてもパクッと食い切らないからである。

だから心配無用、といっているのである。

中期を最大限につくるということは、高温時に最大に肥料を食わせ、暖地では梅雨明けのカンカン照りを利用することにもなる。

出穂四〇～三〇日前の一〇日間はイネにとって勝負どころである。この肝心な時期にイネがバテていたら強くて太い根も出ない。暖地の遅植え地帯なら七月下旬であり、梅雨明けの猛暑の最中、このカンカン照りを生かさない手はない。よそのイネが夏休みしている間に照り込みと高温を利用して大きく太茎に育つのが、「への字」型多収低コスト稲作である。

もしこのときに肥料を入れすぎて垂れ葉が出たり、まっ黒になって恐ろしいほどの出来になってもかまわない。それくらい大胆につくることだ。いくら中期にすごい出来になっても、止葉の出るころには淡くなるから心配ない。出穂四五日前の度胸が収量を決めることとなるのだ。

この方式を試みて倒さずにきれいなコメがとれたが、収量がいまいちだった、という人は、四五日前のドカンの量が足りなかったのだ。まして小麦あとなんか、この時期に焼酎のんで肥料ふりする度胸がいる。この度胸が最終的な茎数をきめる。茎数不足は元肥不足じゃなく、四五日前の度胸不足である。

このドカンの肥料は、硫安でも尿素でも、化成でも、あなたのお好みである。ただし、鶏ふんや堆肥の入っている田はドカンの量を加減しないと、暖地では出穂時高温年にモミ枯症状がでるからご注意。

普及所や農協の現地指導会ではこんなまっ黒なイネは、きっと軽べつの的となるだろう。普通の人の周辺のコシヒカリは出穂四〇日前ごろは分けつがほぼとれ終わっている。そして葉色は黄化し、これから抑制する方向である。普及員はここで、「いい色にさめましたナ。これで２４・Dやセリタードをやりなさい。そして穂肥と実肥にＮＫ化成をやりなさい」と合格点をつけるだろう。

だが、隣りのへの字コシはまっ黒である。垂れ葉を打つほどまっ黒ですごく目立つ。普及員は横目で見ながら「あんなのはアカン。絶対こける。あんなつくり方ってあるもんか。への字かハの字か知らんけど！」

絶対こういうのである。さあ、穂ぞろいの八月の中下旬、たった一回の夕立雷雨で、合格点をつけられたコシはペタッ！「こんなのはアカン」といわれたへの字コシは刈取りまでシャン！への字は九俵。Ｖ字は五俵。

この事実を見ただけで、来年からマネすりゃいいのに、官庁にはメンツがあるのだろうネ。

◆後期をビワ色にもっていく

初期を淋しく⇩中期を最大限に⇩後期をビワ色に。これがへの字稲作のステージである。

とにかく、良質長稈種は穂肥チッソをやらないのだ。少々肥沃な田でも穂肥チッソをやらなかったら色はさめる。地力が中以上なら、決して穂肥チッソはいらぬ。ヤセ田でもまず穂肥はやらぬ。砂地などでよほど肥料の逃げる田なら少しはやらねば秋落ちするかもしれないが、イネっていうものは、中期に育った大きな体、太い茎や太い根、大きな上位葉をもっていれば、土中にチッソが切れても、水を吸うだけで体内に保有する養分だけで充分コメ袋にデン

第11図　穂肥過多のイネ

止葉の葉耳に芒がひっかかって出にくそう。これでは稔実歩合がた落ち。

プンをつめ込む力があるもの。体が大きいから余計肥料をと考えるのは逆である。体が大きいってことは、たくさんの貯蓄をもっていることを意味する。

その貯金の食いつぶしでプッチリと米ツブが太り一生を終えるのだ。それこそわらには何も残らないぐらいに貯金を使い果たして一生を終える。なのに、大きな体だから維持にたいへんだろうと、穂肥や実肥の肥料を追うと、イネの体は病的肥満体になり、子孫を残す余裕がなくなる。このことはもう何回も書いた。これを青たれたイネ、という。

止葉が出るころから淡化が始まる。止葉は、出たときに淡いのが正常。まっ黒な止葉を出してはダメ。そんなイネは穂がすんなり抜け出さないで、止葉の葉耳に芒がひっかかる（第11図）。

淡い止葉が出て、すんなり穂が抜け出て、穂が傾くころになると、力強い根をもったへの字イネは止葉の色が黒く戻ってくる。厚くて幅の広い止葉がピンと天を突く。そしてモミが黄変するにしたがい、止葉と二葉の色は黄緑に透明に、クリスタルに輝く色に冴えてくる。これをビワ色のイネという。黄緑（きみどり）色とは、木実取り（きみど）色のことである。

葉色は濃いほうが葉緑素が多くて光合成量が多い、といわれる。いくら光合成が多くてもモミ袋へゆかねば何にもならない。多量の光合成のデンプンを、夜間に親が食ってしまい、子にやらなければ実は太らない。

ここである。学問と現場のちがうところは。黄緑色で葉緑素が少なくても、それを一〇〇％モミ袋につめ込んだほうが効率がよいってこと、現場の私にはわかっても、背広の学者にはわかってない。わかってないから穂肥実肥にＮＫ化成で追い込め、なんてウソ教えることになるんだろう。

出穂七五日前の田植えが理想

いつごろ田植えをするのがコメのとれめが多いか。イネは早く植えて生育期間を一日でも多くするほうが多収上有利という定説がある。

だが、事実はそうではない。何でも頃合いがあって、長すぎるとイネは老化してヨタヨタの足元となり、生育期間が短すぎると充分な生育を遂げない。

全国で稲作付け面積一九〇万町歩のうち、二割以上の四二万町歩のコシヒカリ。このうちおそらく八割は五月の連休植えであろう。

五月初旬に田植えしたコシは出穂が八月ごく初めである。出穂までの日数は九〇日になる。理想である七五日より半月も長い。気温の低い田植え時期の半月だからまだ老化の程度は少ないが、もう二旬遅らせて五月二十五日に田植えすると出穂は八月八日ごろとなり、この間七五日。充分な日数で老化なく最も出葉枚数も多くて多収になることを経験している。

稚苗田植機普及で地域全体の田植え時期が早まり、これを自分だけ遅らせることに無理があるが、これの解決法は、田植えを遅らせたのと同じ結果になるように、初期をまったく生育させなければよい。本田無肥料で寒い時期に植えるとイネは冷蔵保存したように、ほとんど動かない。本田を苗代の延長と考えて苗を仮植えしたと思えばよい。

とにかく、晩生品種も早生品種も、出穂日をさかのぼって七五日前に田植えするのが最も生育にソツがない。第3表に田植えと出穂日の関係を示したので参考にしてほしい。

第３表　コシヒカリの田植と出穂日の関係

田植えの日	出　穂　日	出穂までの日数
月　日 4．25	月　日 7．30	日 96
5．5	8．2	89
5．15	8．5	82
5．25	8．8	75
6．5	8．13	69
6．15	8．18	64
6．25	8．23	59
7．5	8．28	54
7．15	9．2	49

※注１．上記は兵庫南部での私の記録による。
　　２．40ｇまき４葉苗を基準としたので稚苗は数日遅れる。
　　３．８月の積算気温で２～３日のズレがある。
　　　　上記は平均的な夏の場合。
　　４．九州では上記の日より５日後ほど出穂は早くなる。

稚苗と成苗では差はある。だがわずか二葉ぐらいの差は高温期になれば六～七日の差である。

コシヒカリの出葉数は不完全葉を除き本来は一五枚目が止葉である。五月五日に田植えした場合、葉齢調査で一三葉が多い。これを五月二十五日植えすると一五葉となることを考えても七五日前田植えがよいことが証明される。たとえ五月五日に田植えしても、強い成苗ならば一五葉出穂となるが、密植太植えと中期抑制では減葉するのだろう。この点、への字型につくれば減葉の程度は少なくなる。

コシヒカリにかぎらず、七五日前田植えがよいことは、一五葉以上の品種はすべてに共通である。寒地では積算温度が、暖地では日長が大きく幼穂形成に影響するのでなおさらである。朝日・ハツシモのような晩生種を早植えすると、極端な老化現象が出る。

遅植えコシヒカリの魅力

◆スズメの害なく低コスト

日本晴や黄金晴の栽培地帯では、コシヒカリは遅植えをおすすめする。遅植えの程度は、種まきを一〇日遅らせ、田植えを一週間遅らせること。これで日本晴との出穂期の差は二〜三日以内になる。二〜三日の出穂日の差ならばスズメが集中することはない。二メートルおきに糸を張るぐらいですみ、防雀網は不用である。

ただし、都市化のすすんだ地域で、早生晩生を問わず防雀網を張る地域なら、網を張るならば何も無理してコシを遅植えする必要はない。一週間や一〇日早く出穂しても一向にかまわぬ。

六月下旬以降、それも六月末日ごろのコシ田植えは生育期間が極端に短くなる。六月初旬にタネまきし、二五日苗（四葉）で六月末に田植えすると、出穂日は八月二十五日。田植え後五五日で出穂と

なる。これではデンプン蓄積期間はあまりにも短く、理屈上増収に不利ではある。だが兵庫県南部の私の地方は、この方式で毎年、わるくて八俵、よくて九俵のコシをだれもが収穫している。生育期間の短い不利は、肥料が信じられないほど少なくてすみ、農薬散布が一回ですむなどの利点がカバーする。私は減農薬低コストのために、わざわざ遅植えコシを選ぶくらいだ（第12図）。こんな遅植えでも一〇俵に届くことがあるから、遅植えコシは不利とはいい切れない。収量も日本晴にくらべて決してそん色がないし、お金の収量となると日本晴の反一七万円、遅植えコシの有機減農薬米反二七万円、と一〇万円の差がつく。

たとえ農協への普通出荷であっても、コシと日本晴の格差一俵五〇〇〇円で計算すれば、コシ八俵で

第12図 出穂32日前の遅植えコシヒカリ(7月23日)

尺角植え、みごとに開張。

日本晴一〇俵半の価値がある。

◆コシ地帯での ライスセンター対策として

地域によってコシヒカリ作付け一〇〇%にしたいが、ライスセンターが集中するからと、やむなく熟期の遅い安物品種をつくらせるところがある。試験場へ「コシの熟期をずらす方法はないか」と問い合わせたが「ない」との返事だった、と聞いた。

こんなバカな話はない。試験場の技師先生は、コシはいつ植えても出穂期は同じと思っているらしい。六八ページのコシ出穂日の表(第3表)を見ていただきたい。遅まき遅植えほど、出穂期はずれてくる。遅植えほど田植えから出穂日までの日数は短くなるが、やはりそれなりに出穂成熟日は遅れる。

たねまきさえずらせばコシの熟期はずれてくるから、ライスセンターが集中パンクすることはない。

◆遅植えコシは減葉しやすい

数年間、遅植えコシの葉齢調査を試みた。葉齢は年による変動があり、ふつうは積算温度を達成すると一三葉目が止葉になる。二枚減葉するのである。夏の涼しい年だと出穂が四~五日遅れたり、密植すると減葉、疎植すると一五葉になったりで、バラツキが多い。積算温度の達成以外に日長にも影響され、そして、えい花分化期のチッソ肥効にも影響される。三〇日前に極端な肥切れになると減葉して出穂が早まる。

コシヒカリの純系品種中の一粒一粒の個体にもバラつきがあり、一三葉、一四葉、一五葉と個体によって出葉枚数が異なる。このために遅植えコシは飛穂出始めから遅れ穂が出そろうまで一〇日間ぐらいかかる。これはコメの品質には影響は少なく、少々刈遅れしても活き青があってコメのつやがよいので心配ない。

九州では低緯度で日長が短く、積算温度も早く達成するから、六月末に四葉苗を植えても八月二十日に穂は出そろう。一三葉しか出葉しないので、収量は八俵が限界ではないか。九州では無理してコシを遅植えするよりも、ハツシモ・旭などの晩生種を作付けするほうが有利といえる。

私のコシづくりはいま、これに賭けている。遅植えでも減葉せず一五枚の葉を出す個体を毎年えらび出して固定した。姿も特性も、食味もまったく同格、同じコシである。まだ食味テストの段階で、食味テストも数年つづけないといけないので世に出せない。日本晴よりも遅く出穂するコシヒカリ。これは暖地にとって画期的な育成にちがいない。遅植えしても充分な生育期間があり、増収と、スズメ対策にありがたい。

こんな選抜はだれでもできるから、自分で試されるとよい。

増収のための育苗・田植え術

◆わるい苗でもけっこうとれる

前項で、二〇〇グラムまきのかいわれ大根みたいな苗でもへの字イネはできる、といった。イネをへの字型につくることは、生育の過程を初期に淋しく、中期を最大限に盛り上げ、晩期をビワ色に美しく、ということである。

だから苗質はどうでもよい、といったまで。

田植え時の苗質は、手植え用の割箸みたいな畑苗から、一箱二〇〇グラムまきのソーメンのようなヒョロ苗まで。六〜七葉の分けつ苗から二葉半のムレ苗までいろいろある。

八俵や九俵の収量なら、わるい苗でも施肥のしかた次第でけっこうとれる。よい苗を育てたために初期生育が良好すぎて後半ガサガサに息切れすることもある。わるい苗を植えて初期生育が劣り、後半にバリバリ出てきてへの字型に育ち、最後に増収することもよくある。

厚まき苗、一六〇〜二〇〇グラムまきのマット苗は、一本や二本の植込みでは自力で立っていられない。大雨でもあれば冠水して野切れて（溶けてなくなって）しまう。晴れれば風の吹き寄せによるわらくずや浮草で押し倒されてしまう。活着力がないので自立するのに二週間はかかる。

だからわるい苗の場合は一株に五〜六本植え込むしかない。それを元肥とか活着肥とかで早く大きくしようとするのがまちがいのもとである。肥料を始めにたくさんやると活着後にクズ分けつがわんさと出るからで、これが初期過繁茂での失敗である。

わるい苗を五本も八本も植え込んだのならばほっとけばよい。分けつをあわててとる必要がないからだ。元肥はゼロ、活着肥もゼロでよい。親茎が太くなって自立するまでほっておくことだ。

出穂五〇〜四〇日前ごろには淡いながらもしっかりした茎になり、そこそこ茎数がとれているはず。

そのへんで本格的施肥となる。葉齢でいえば九～一一葉期である。このころは親茎が太いから分けつも太い。四〇日前からの分けつは無効分けつではない。これが本格的分けつである。

だから、苗がわるくても心配はいらない。何回もいう。苗質がよければもっと太茎になり大穂になり、増収になり、コスト安になる。

◆一〇俵以上をねらうなら健苗を

八俵や九俵をめざすなら苗質はどうでもよいが、一〇俵の大台以上となると健苗でなければならぬことは当然である。

への字イネで低コスト・増収・高品質。ほんとに儲かる稲作をするのに機械を買い換えていては、一方で儲けても一方で損する。

だから増収するにはいまの所有田植機で最大限の健苗をうす植えすることだ。田植機を一部改造(植付ギヤの交換)をすることで疎植が実現する。苗箱にまくモミ種の量を二〇〇グラムから一挙に一〇〇グラム、または八〇グラムにうすまきする、などのくふうをしなければならぬ。

要約すると、

①田植機の植付ギヤの別注交換。

②改造不能の田植機なら、路上走行用の高速で植付け作業をする（路上走行では作業速度の二倍の速度が出るから、一二センチのピッチが二四センチに広がる）。

③それも不可能な田植機なら、復条並木にする。二条植えてゆき、帰りに隣接条との間隔を四五～五〇センチあける。また四条植え機なら一条抜く。五条植えならまん中の条を抜く（苗をのせない）ときれいな復条並木になる。こうするには大きな度胸がいる。若い人はすぐ実行できるが、年寄りはミッチイから、こんなに広くあけたらコメとれん！ とぼやく。しかし、倒さないコシづくり。広くあけて植えるしか道はないのだ。

④苗のうすまきは、うすまき用のスジまき播種器具を購入することだ。播種器の価格は知れている。一〇〇グラム以下にするにはスジまきでないと欠株に悩まされる。

⑤への字イネ多収のきわめつけはポット苗田植機である。田植機更新の時期がきているなら、いさぎよくポット田植機を導入することだ。この機械は専用苗箱、専用播種機を要し、多額の投資になるが償却期間内にモトはとれるし、それ以上の効果は稲作が楽しくなることである。

◆ポット田植機の威力

ポット田植機（第13図）についても少し説明したい。

私は昭和五十六年に初めて田植機を買い、それまでの尺角手植えに別れを告げた。手植えは尺一寸角（坪三〇株）尺二寸角（坪二五株）にすれば労力は少なく、機械不用で低コストだが、どうも精神的な苦痛が大きい。大面積になると機械力でないとどうしようもない。

手植えの豪快なイネ姿そのままの田植機械、その夢をかなえてくれたのがポットであった。ポット田植機は岡山県の〝みのる産業〟がメーカーである。販売は共立エコーが受け持っている地域もある。ポット田植機の宣伝をすると、他の大手メーカーが怒り、への字型稲作までこき下ろされては困るので、ヨワッタナ、というのが本音であるが、いいものはいいから紹介する。

さてポットの利点は次のようである。

〈ポット田植機の利点〉

①育苗に田土を使用するので、培土を買う必要がないこと。

②苗が一株ずつ独立して根鉢をもつこと（第14図）。

③苗の葉齢が四～五葉の健苗になること。

これにより、強力な活着力があり生育揃いがよい（第15図）。

④坪三〇～五〇株まで思いのまま疎植。

⑤田植え後、いっさい補植のいらぬこと。

第13図　ポット田植機・４条植え

坪39株で植えつけているところ。

⑥葉齢が進んでいるので出穂が数日早まる。これにより田植えが遅れても生育をとり戻せる。とくに麦あと二毛作田では理想的なへの字イネになり、普通品種では麦あとのほうが増収するぐらい。

だが欠点もある。

〈ポット田植機の欠点〉

①機械と付属品の価格が高いこと。

②苗箱の枚数が多いことと、箱の寿命が短いこと。

③田植機メカが複雑で不調時に素人の手に負えないこと。

④育苗場所に水を張るので水利のある苗代が必要なこと。

などで、長所が欠点、欠点が長所になること

第14図　ポット苗

第15図　ポット苗の活着力

田植え前のポット苗

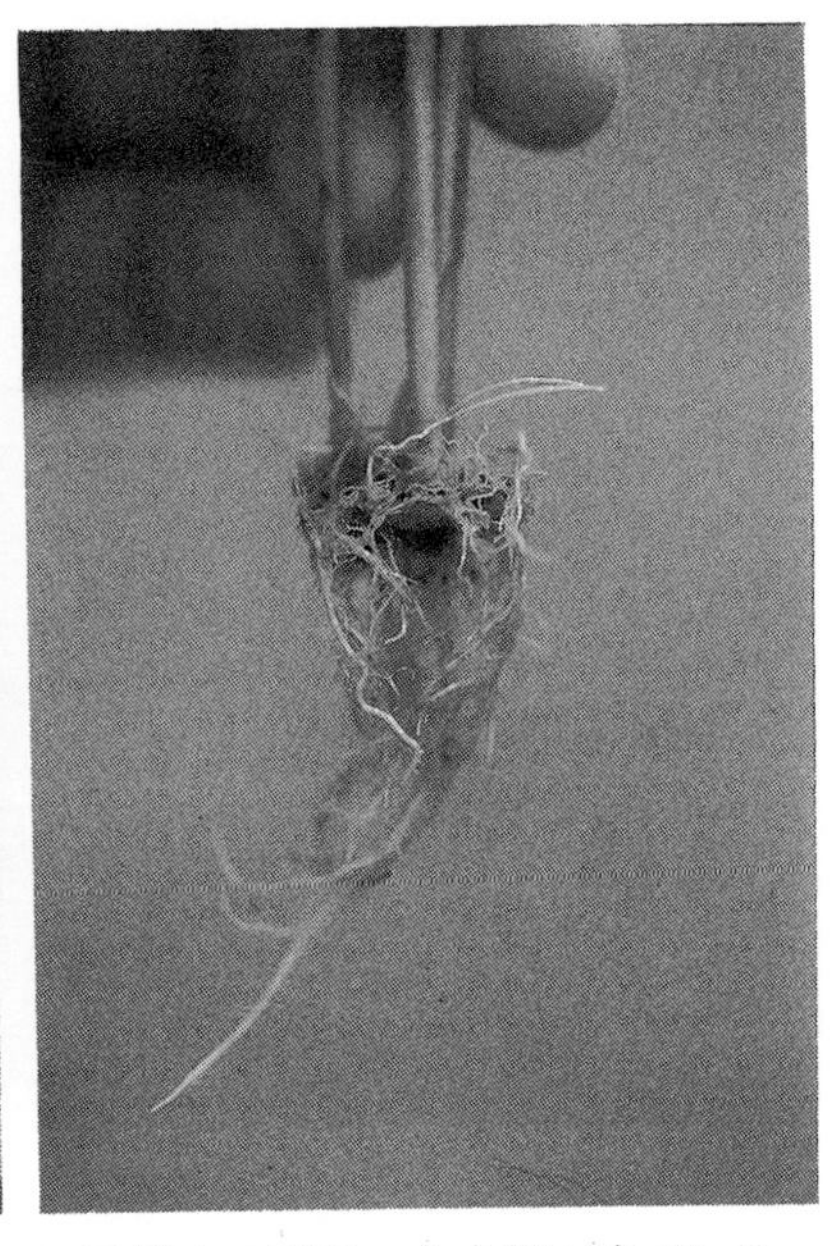

田植えの翌日、もう根が出ているほど活着力が強い。

もあるが、私の場合は欠点をすべて長所に置きかえている。

それは、

○箱土に田んぼの土を使うので安上がり。だが雑草が生える＝幼苗時にスタム乳剤処理。

○苗箱が多く必要＝尺角植えで反二五枚に抑制

○償却負担が大きい＝増収でペイ

○苗代が必要＝バラまき稚苗より手間いらず

○田植機メカが複雑＝使用の前と格納時に入念な注油で故障を克服

<だれでも一～二俵増収できる>

ポット田植機を使った人は一様に補植の

いらぬことが嬉しい、という。

コメのとれめはつくり方である。への字につくればすごく増収するし、元肥を従来どおり入れると、活着力のよいことが逆に災いして過繁茂になり、かえって減収もある。また、尺角に植えることが最大の条件なのに、坪五〇株も植え込んで箱数の増加で低コストにならず、過繁茂で倒す、などの失敗がある。

ポット苗は活着力がすごいから、元肥を入れないことさえ守れば、だれでも一～二俵増収できる。田植えして二〇日後、イネをよく見ると、わるい苗の田は一株ごとのそろいが非常にわるい。一〇本になった株、五本の株、一～二本ヒョロ立ちの株、中には二〇本にもなった大株ありで、背の高いの低いの、モコモコ、ドカスカである。

ポット苗の最大の利点は、たとえ一本の株でも、三本植えの株でも、どの株もはかったように同じ分けつ数で同じ草丈。全田、反一万株のイネが全株同じ生育量である（第16図）。イネも麦も野菜も、多収するのは全田ビシッと生育をそろえることにある。ドカスカでは絶対に多収はできない。

植付けしたときから生育がそろってないのに、肥料のふりムラがある。刈るころにはわからなくなるけれど、田んぼの中央部になるとコンバイン袋にモミがたまらないのがふつうのイネだ。

よい苗をそろった本数に植え込む。どの株も同じ分けつ数になる。これはうすまきガッチリ苗でな

第16図　株そろいのよさは多収の要件

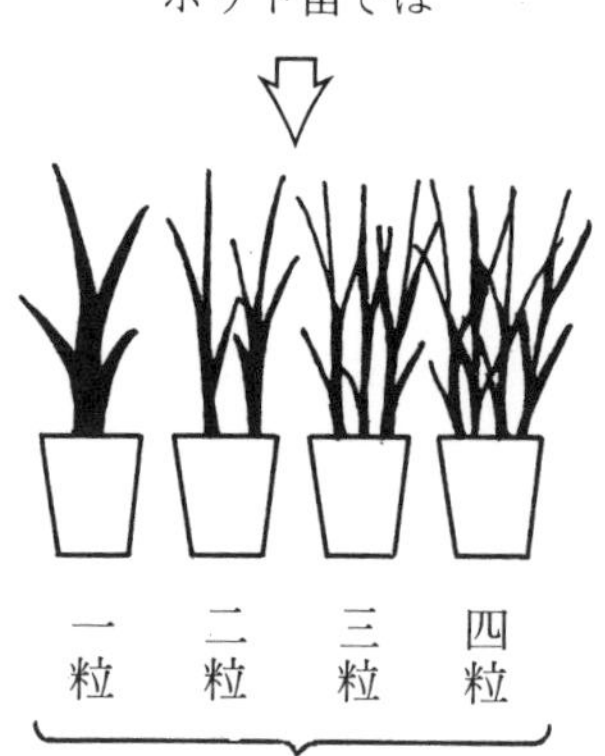

苗はどの株も乾物重は同じ。
本田での生育も同じになる。

1本1本太さにバラツキがなくとも、植えるとき、1本や5本の差はそのまま1と5の差になる。本数の多い株ほど大株に育つ。1～2本の株はとり残されてますます貧弱になる。

ければできない。

なお、コシヒカリは暖地では育苗中に徒長しやすいので第17図のように二回ほど度胸よくふみつけてやるとよい。これで太茎の苗になる。

良苗は本田で肥料が少なくてすむ。それは吸肥力、根の太さと伸びが悪苗より一〇倍ぐらいの差がつくからである。

だが無理してポット田植機を導入することはない。普通の稚苗田植機でも、一箱四〇グラムまきにすればポット田植機に比肩できることを強調しておく。四〇グラムまきの播種機はどのメーカーの田植機でも使える。これは栃木県の稲葉光圀先生が提唱され、全国にかなり普及している。

第17図　暖地で徒長するところでは苗をふみつける
(コシヒカリは高温では徒長しやすい。これで太茎になる。)

１回目(出芽３cm)はローラーで

２回目(３葉期)、板をおいてふみつける

◆何葉苗がよいか

<稚苗は穂数型に、成苗は穂重型に>

収量構成要素である坪当たり総モミ数、坪一三万粒が最も多収するモミ数である。坪一万粒でコメ一俵だから、坪一三万粒で反一三俵(稔実歩合八〇%として)。このモミ数をつけるのに、コシヒカリや日本晴で五葉苗なら坪一〇〇〇本、一穂一三〇粒平均となる。四葉苗なら坪一二〇〇本、一穂一一〇粒。三葉苗なら坪一五〇〇本、一穂八六粒。

理屈ではこうだが、田んぼではなかなかこうはゆかぬ。三葉苗で一五〇〇本立たないのだ。分けつ数は二〇〇〇本をこえているのに、クズ分けつ、クズ穂ばかりで一二〇〇本ぐらいに減ってしまう。過繁茂で受光がわるく、一本一本の茎が満足に育たないのだ。

五葉苗の場合は坪一〇〇〇本はすぐ立つが、どうかすると着粒が一四〇粒をこえてしまい、モミがつきすぎる。坪一四万粒もつくと、稔実歩合がガタンと落ち、六〇%になってしまう。

だから五葉苗のよい苗を植えるポット苗は、逆に着粒の制限をしないといけなくなる。

この中間をねらって、私は四葉苗が一番多収に適した葉齢と考えている。

四葉苗で坪一〇〇〇本、一二〇粒で坪一二万粒。このへんが一一俵から一二俵どりのいい線のようだ。

〈着粒は茎の太さでかせぐ〉

こういう数字を並べても所詮机上論である。坪何本立ったか、これは結果であり、茎数をとろうと肥をふっては、茎数はとれてもコメがとれない。一穂何粒の穂、といってもこれも結果であり、穂肥をたくさんふっても着粒はふえずに枝梗が長くなるだけ。穂は長くなっても粒がまばらになり、枝梗が間伸びした分、弱くなって、イモチやモミガレにやられるだけ。

着粒は、穂肥でかせぐのではなく、茎の太さで勝負するのである。茎さえ太ければ穂肥なんて別にやらなくとも勝手に粒数がふえる。そんな枝梗は太くて硬く、ねじれている。実肥をやらんでもいつまでも枝梗が青く生きている。止葉は黄色くなってても、枝梗がいつまでも生きつづけ、コメツブはいつまでも太る。

〈何葉苗でも健苗であればよい〉

このように、何葉苗がよいか、を考えてみたが、要は、何葉ではなく、その苗箱において下葉までムレないで生きた状態。そしてズングリした背の低い苗、葉色は少し追肥をしたいくらいの淡い葉色であれば三葉でも五葉でもかまわない。

傾向としては、葉齢の若い苗ほど細い分けつが数多く立ち、分けつの切上がりがわるくなる。葉齢が進むほどサッと分けつしてサッと分けつが止まる。

手植え畑苗なんか七葉までおくと、坪二合まきで五本まで分けつした苗になる。こんなのを植えると初期分けつがすごく、虫を集めてしまう。減農薬がムリになる。けれど分けつの切上がりがスカッとして巨大な穂がつく。

田植えしたときの苗の大きさで、イネの品種が変わったように生育ステージが決められてしまう。

◆ よい苗ほど疎植に、わるい苗ほどやや密に

いままで尺角植えがよい、と書いてきた。これをもう少し掘り下げると、「いい苗ほど疎植に、わるい苗ほどやや密に」である。わるい苗でも尺角にすると倒伏に強い。けどあまりわるい苗を尺角二〜三本植えにすると茎数の確保がむずかしい。もし二〇〇グラムまきのヒョロ苗しかなかったら、三〇×二四センチの坪四五株植えのほうが増収上有利である。

私の提唱するつくり方をマスターするのに若い人はその年から実行するが、なまじ経験のある中年や、V字型稲作ばかり勉強した頑固一徹の老年層はなかなか一挙に尺角にふみ切れない。まずは七二株植えから六〇株に減じ、次の年に五〇株に減じ、と尺角に広げるのに四〜五年かかっている。株間を広げても収量はかわらぬことが毎年少しずつわかってくる。余命いくばくもないくせに、これじゃ

人生がもったいない。

一挙にまずは尺角に広げ、茎数不足でもの足りなければ坪四〇株にふやしてみる。このほうが正解である。

元肥ゼロにするのも同じことがいえる。いままでの半分の元肥量に減じたが生育は同じだった。さあ次の年は三分の一に減じた。やはり生育は同じだった。じゃいわれるとおりゼロにしようか、となるのにまた三年かかる。中老年層はあと一〇回稲作ができるかどうかわからんくせに、尺角と元肥ゼロにするのに七～八年もかかってしまう。

それと大切なことは、尺角にすると肥切れしないのだ。密植にするとすぐ肥切れする。ここで肥料ふり回数のコスト低減があり、肥料ふり回数の少ないことはイネの生理上もよい。肥料ふり回数の多いほど上根が発達して底へ伸びる根がお留守になるからだ。

尺角疎植の肥切れしないこと、信じられないぐらいである。深層に根が伸びていることも意味する。

への字型施肥の実際

◆中期一発施肥、いつどのくらいやるのか

出穂の五五日前から四〇日前までの間、本格的に肥をやれ、と書いてきた。じゃ、いつ、何を、どれくらいやるのか、と具体的な数字を教えろ、とよくいわれる。これは機械に油をさすようなわけにはゆかない。全国一律ってこともムリだ。キミの田んぼだ、田んぼとイネに相談していい按配(あんばい)なところを見つけろ、というほかない。

けど、何がしの目安として一覧表(第4表)にして参考としよう。

への字につくるための本格的施肥は、品種と田植え時期により異なるが、次のように差がある。

〈五五~五〇日前の本格的施肥〉

この場合は軽いV字型となり、ツナギ肥や穂肥がいることがある。寒地や早期栽培のコシヒカリは五五日前にやる。たとえば、五月連休田植えのコシは無肥料出発で、田植え一カ月後の六月五日~十日ごろにチッソ三キロぐらいの本格追肥をする。梅雨に入る六月下旬は肥効がピークをすぎているか

第4表　への字コシヒカリの施肥　基準のめやす

		出穂日	施肥日（－は出穂前）	汚水田 肥沃田	中庸田	ヤセ田 清水田	麦わらすき込み田
元肥				オールゼロ	過石20kg または オールゼロ		尿素10〜20kg 過石20kg (または マグホス)
本格施肥	5/5 連休植	8/2	－55日 6/8	オール15化成 15kg または 硫安10kg 過石20kg カリは加えない	オール15化成 20kg または 硫安15kg 過石20kg 塩加5kg	オール15化成 30kg または 硫安20kg 過石20kg 塩加5kg	
	5/25 植	8/10	－50日 6/20				
	6/15 植	8/18	－45日 7/4				ゼロまたは 硫安10kg
	6/25 植	8/23	－45日 7/8				ゼロまたは 硫安15kg
穂肥			－30日	マグホス 20kg	マグホス 20kg	マグホス 20kg	マグホス 20kg
			－20日	過石 20〜30kg	—	—	—

※注1．出穂日は瀬戸内平年値。4葉中苗基準とした。稚苗では数日遅れる。四国南部・九州地区では上記より5日早まる。

2．マグホスとは、過石にマグネシウムの加わった肥料。(水溶性リン酸8％、く溶性リン酸9％、マグネシウム5％)

3．ハツシモ・朝日などは、中期施肥にもう1kgチッソを増量してもよい。

ら長雨にも安心。二〇日前の七月十日ごろに色ざめするが、その後の高温で地力が出てくるので穂肥不用となる。

また、暖地麦あとも五五日前から五〇日前にチッソ成分三〜四キロ本格的施肥をするほうが茎数がとれやすい。

〈四五日前の本格施肥〉

本格施肥は四五日前と書いてきた。これは平均をとったまでで、厳密に四五日前でなければ、ということではない。読みやすく統一した平均日。四〜五日のズレはかまわない。四五日前だとツナギ肥は不用となるが、品種によって、田んぼによって、穂肥がほしくなる。コシの六月植えは四五日前一発施肥がいちばんよい。また、中生イネ、日本晴など八月末に出穂する品種も四五日前がいちばんよい。

〈四〇日前の本格施肥〉

暖地での晩生品種は四五日前より四〇日前のほうがよい。暖地での六月下旬植えの晩生種は、高温の七月中下旬、無肥料状態でもかん水の富栄養化でどんどん育つ。だから四〇日前の七月二十五日ごろにチッソ成分三〜四キロドンとやると、ツナギ肥も穂肥もいっさい不用となる。暖地での晩生種は四〇日前施肥のほうが最も増収する。

また、五〇日前に施肥したが足りなかった場合、四〇日前にもう一回やることができる。

〈三〇日前の本格追肥〉

これはコシヒカリなど倒れやすい良質米には通用しない。また、尺角以上の疎植にも三〇日前にやってはならない。必ず二段穂になり遅れ穂をふやすことになるからだ。三〇日前にチッソを多量にやれるイネは、密植した短稈品種で、やせ出来で茎数のとれた場合にかぎられる。三〇日前施肥では分けつは数本しか期待できないので、穂肥としての役割となる。三〇日前穂肥は深層追肥と同じイネになり、巨大な穂と止葉が出るが、上位葉過繁茂となるイネには禁物である。

いい肥料を使っても増収しない

極端なやり方では、地力があるか湿田では元肥ゼロで四五日前硫安一〇キロ、穂肥時期に過リン酸二〇キロで全施肥終了が可能である。コシヒカリは、こんな施肥体型ですむような地力があれば、これにまさる低コストはない。肥料代は一〇〇〇円がらみですむからだ。

だが低コストだけでなく増収という欲もあるから、よほどの大農家かよほどの達観した人でなければ硫安一〇キロと過石二〇キロで終わり、といった簡単な施肥では気持ちが許さないだろう。

地力の増強と、有機栽培については後述するが、ごく普通の田んぼで、できるだけ手抜きして、で

きるだけ安くコストを抑え、そして増収するには前掲の施肥一覧表によることしかない。いい肥料を使ったから増収、これもない。いろいろの資材を入れたから、とて増収はない。バクテリヤやバイオ資材を使ったからとて、増収の約束はない。

ここが野菜と穀物とのちがうところだ。野菜は大部分、茎数の一部をもぎとって収穫するもの。穀物は茎葉の一部ではなく、完熟した子実をとるもの。ここに大きな相違がある。

ナスもメロンも、茎葉の一部である。だから微量要素とか葉面散布などは卓効があり、いい資材、いい肥料が顕著にお金の増収を約束することがある。

穀物、とくに良質米は高い資材や、いい肥料を使って、葉面散布までしてコストをかけてみても、立派な茎葉が育ってもだめなのだ。穀物は見かけがみすぼらしいものでもよい。立派なわらをつくってもコメの実が入らねばお金にならない。

それに、野菜は粗収入がイネの何倍、何十倍もある。反当一〇〇万円も三〇〇万円も売り上げるのなら五万円や一〇万円の資材も高くはないが、イネはよくとって反当三〇万円。普通は一〇万円台である。だから低コストが至上命令となるのであって、イネにバイオ資材だとか何とかで反二万円も支払っては成り立たない。反二万円のモトを入れたからとてそれで二俵の増収が絶対に約束されないからだ。

話を戻すと、増収のための施肥法。それはいらぬ資材をいっさい抜きにして、お金の増収を図ること。これ以外にない。地力をつけることは大切だが、たとえ地力をつけたとて、これで増収が確定するということもないのだ。

ほんとに話はむずかしい。だから理くつはいいとして、

○ケイカル・ヨウリン・石灰チッソ類は入れないこと。入れたからとて増収するとはいえないからだ。

○リン酸分の多い山型化成をやめること。リン酸分は過リン酸二〇キロでこと足りるからだ。

○バイオ資材、バクテリヤ類は安くつくもの以外はやめること。

コメの増収は、いかにしてお金を増収するかにある。反当何キロとか何俵とった、ではお話にならぬ。これからは正味反何万円とったか、である。そのためにコシヒカリなどのむずかしい良質米づくりに挑戦しているのである。

への字イネの減農薬

◆八俵までなら無農薬でいけるが

ここでもういちど減農薬、農薬にふれてみたい。

増収するには確かに農薬はたくさんいる。よく聞く話で、六石とった人や、コシヒカリで八〇〇キロどりをした人、最低で六回も薬まきしている。六石とった人は倒れたイネの上を遠慮なく歩いて薬をまいたものだ、と聞いた。

私のコシ一〇俵どりでも、モンガレ防除が必要になる。九俵のコシならモンガレの防除不用なのに、一〇俵になると必要になる。

多収にはクスリがないとダメであることは確かで、有機無農薬で一〇俵どりなんて簡単に自然は許してくれない。八俵までなら許してくれる。

というわけで、増収のために農薬を使い、増収のために減農薬に向かう、という相反することを考えてみよう。収量を犠牲にしてでも減農薬、というのが普通の減農薬ではあるが、収量を落とさない減農薬でないと意義がないからだ。

この件に関しては地域で病虫害の状況がちがうので各自組み立ててほしい。私は次のとおりやっている。

◆防除のポイント

〈田植えまで〉

○種子消毒、塩水選。ベンレートT、〇・五％粉衣して風乾。塩水選は比重一・一五から一・一八で強力に行なう。タネモミ半分くらい浮かす気持ちで。

○育苗箱も苗代もいっさい無消毒。田んぼの土を育苗箱に使うがタチガレンは使用しない。

○育苗箱での除草は出芽三センチのころ、スタム乳剤一〇〇倍液をジョロでさっとかん注。薬害を防ぐため決して箱土に肥料を混入しない。無肥料の発芽である。出芽後液肥をかん注すると薬害の原因になる（除草剤薬害はチッソのきいた苗に出る）。

○苗時代にウンカなどの殺虫剤はやらない。ヒメトビウンカなど、たかり放題にしておく。

○田植え当日か前日の夕方、キルバール五〇〇倍液を一箱〇・五リットルかん注（本田でのシマハガレ病の予防）。この防除は雨天ではやらない。流亡して意味がないから。

第18図　カブトエビ

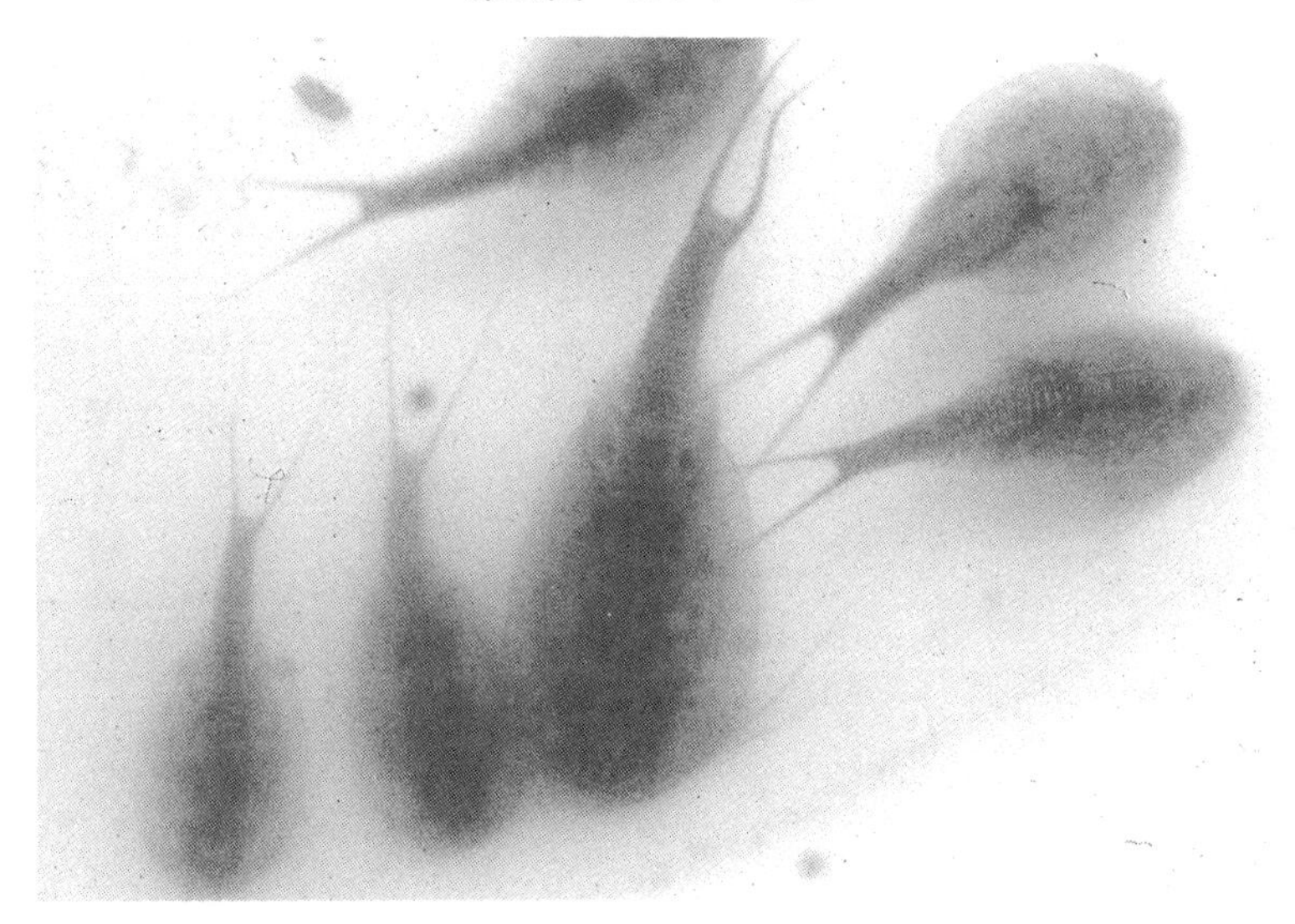

どういうわけか、オーザを使った年から大発生した。

第19図　夏ウンカの産卵痕

これはほっておく。

〈本田での防除〉

除草剤は初期に一発処理剤反二・五キロ（私は田の中のカブトエビ（第18図）の発生を促すためにオーザを使用している）。中期は溝切りののち、クサノックかクサホープを溝部分に使う。草の少ない田はオーザを反二・五キロ一回にとどめる（無除草剤をめざしたいが、面積が多いのでまだ実行をしぶっている）。

○殺虫剤は出穂三〇日前までまったくやらない（第19図）。への字イネは出穂四五日前からまっ黒になるので、ここで殺虫剤をやらないと絶対に増収はない。これは増収のためである。メイ虫・ウンカ・コブノメイガ・ツト虫の一挙撲滅である。使用薬剤はパダンナック三キロ（年により、アプロード水和剤一〇〇グラムを混入する場合がある）。パダンナックは抵抗性がつかない薬である。

○首イモチの心配ある年は、出穂直前、直後に米酢二〇〇倍、乙類焼酎二〇〇倍液。モンガレが出ていればこれにバリンダシン一〇〇〇倍を加えた液を鉄砲動噴で反一〇〇リットル散布。

私の毎年のコシづくりは以上である。たいていは中期のパダンナック三キロ一発ですませている。大出来のイネは、中期三〇日前と、出穂後のバリンダシンによるモンガレ防除を積極的に行なうことであろう。これを省略するとたいへんなことになる。また、薬剤を誤ると何にもならないことになる。

普通は三種混合など、出穂後に重点散布しているが、これが最もいけない。薬害が出て減収、薬がきかなくて減収。コメに薬の成分が残留して安全でない。

三種混合はイモチ・モンガレ・殺虫の三種である。どの薬も各単剤であり成分量は低い。だからきかないのである。

出穂後の農薬散布。とくに収穫前半月ぐらいのころ、ウンカ坪枯れであわてるよりも、出穂三〇日前のアプロード散布などは積極的減農薬といえるはずだ。アプロードは散布後二カ月間きくから一発でウンカ対策になる。

出穂後の農薬まきは確実にわらに、コメに、モミに残留する。コンバイン作業やモミすり作業にホコリと共に百姓が吸う。これほど罪な行為はない。穂が出そろって首イモチが出た！　いくら薬をまいても治らないだろう。それよりも首イモチを出さないつくり方——耕種的防除——穂肥をチッソをやらないことで百薬よりもよくイモチにきく。

◆ヒメトビが集まりやすい疎植イネ

ところで疎植イネは周囲より二〜三日早く植えるとヒメトビが集まる。密植イネにも集まるがイネの個体数が多いので被害が軽い。田植えしてすぐ色が黒くなると、集まったウンカはその田に住民登録して定住する。疎植イネは活着が早くて緑が濃いのでウンカが集まりやすく、イネの個体数が少ないので被害が大きくなる。一株やられると座ぶとんぐらいの穴があく。一坪に一～二株やられると刈り場では一割減は確実。いくら初期に粒剤や粉剤をまいても、いくら苗箱施用しても、ウイルスをもったヒメトビウンカがいちど吸汁したイネ株は全株ウイルス保菌者となる。潜伏期間二週間を経て外科的ショックをうけた個体から発病が始まる。とくに朝日はこれにごく弱い。

外科的ショックとは、追肥や除草剤の散布のため田の中を歩くと上根が切れる。補植のたびにも断根する。遅い時期に補植した株が必ずやられるのを見ると、断根が引き金になって発病するらしい。

そのほかシマハガレの発病には、急な肥切れののち施肥して急な肥効の現われる内部的ショックでも一挙に発病する。品種によって、周囲の株まで巻添にするのと、一株中の数本だけの発病にとどまるものと被害の程度に品種間の差異はある。ショックを与えないよう、分けつ盛期にはなるべく田の中を歩かないことと、急な肥効の波がないよう、私は気をつけている。

それより疎植イネのシマハガレを防ぐただ一つの方法は、初期に色を出さないことである。周囲より三日は田植えを遅らせること、そして元肥をゼロにして色を出させないことだけである。

シマハガレのヒメトビが集まらないってことは、セジロもトビイロも、コブノメイガも寄りつかないことであり、ここから減農薬の第一歩が始まる。

田植えの当日、箱施用して苗に弁当薬をもたせることは、本田にまくより有効ではあるが、田植え作業で人間が苗や箱をさわるので、人の手指に毒薬がつく心配がある。ゴム手袋をはめて田植え作業をしなければならなくなる。

減農薬とは薬をふる回数を減らすことだけにとどまらない。薬をかける時期が大切なのであり、一回も薬まきしなくても、出穂後、刈取り半月前にウンカの薬まきしたのでは何にもならないのだ。もっと極端にいうと、生育前半は薬剤をかけてもよい。後半は絶対にやるな、ということである。

への字イネの水管理

◆コシには軽度の中干しは必要

第一章「なぜコシヒカリが倒れるか」のところで、水を入れすぎるからだ、といった。重複するがもう少し水管理について説明しよう。

水管理なんて、だれでもむずかしそうにいうが、こんなのほんとはどうでもよい。早くいえば、初期は除草剤をよくきかすためにいつもガブガブで、決して田の土が見えないようにする。中期は地域ぐるみの中干しだ。自分だけ水を入れようたって溝に水が流れてこない。やむなく中干しさせられて

第20図 水根と畑根のちがい

畑根はヒゲ根が多い。

水根はヒゲ根がなく根が太い。

しまう。ここまではよい。

問題は中干し後の管理だ。中干しが終わっていっせいに水を入れ始めた。このときに間断かんがいにしなければならない。中干し後、また元のとおり毎日ガブガブに入れっ放しにすると、根が腐る。この腐った根は再生して最終的には登熟に悪影響は少ないが、出穂三〇日前はまだ有効分けつの最中である。根腐れは茎数に影響する。

前著『痛快イネつくり』に書いたとおり、イネの根は、中干しによって畑根が生えてくる。畑根とは通気組織のない曲りくねったヒゲ根が多い根だ。中干し後のガブガブ管理によって畑根は窒息して腐り、水根に生え替わる（第20図）。

水根はまっすぐでヒゲが少ない。断面は通気組織があり葉から空気が送られる穴がある。この畑根と水根との生えかわりに一挙にエネルギーをとられるから下葉が枯れるのだ。

だから、中干しをやらされたあとは、三日に一回とか、四日に一回とかの間隔をおいて、すなわち三日か四日ごとに中干しみたいなことをつづけるのがよい。これは刈取りまでつづける。これを怠って、元のブスブスの、足がめり込むような田にしてしまうとイネは非常に倒れやすくなる。

中期の中干しはどうなのか。ほんとうならイネのためには中干しはしないほうがよく育つ。だが育ちすぎて長稈になり、倒すのではだめで、コシヒカリのような良質長稈種はやはり軽度の中干しは必

第21図　間断かん水のめやすにのぞき穴を

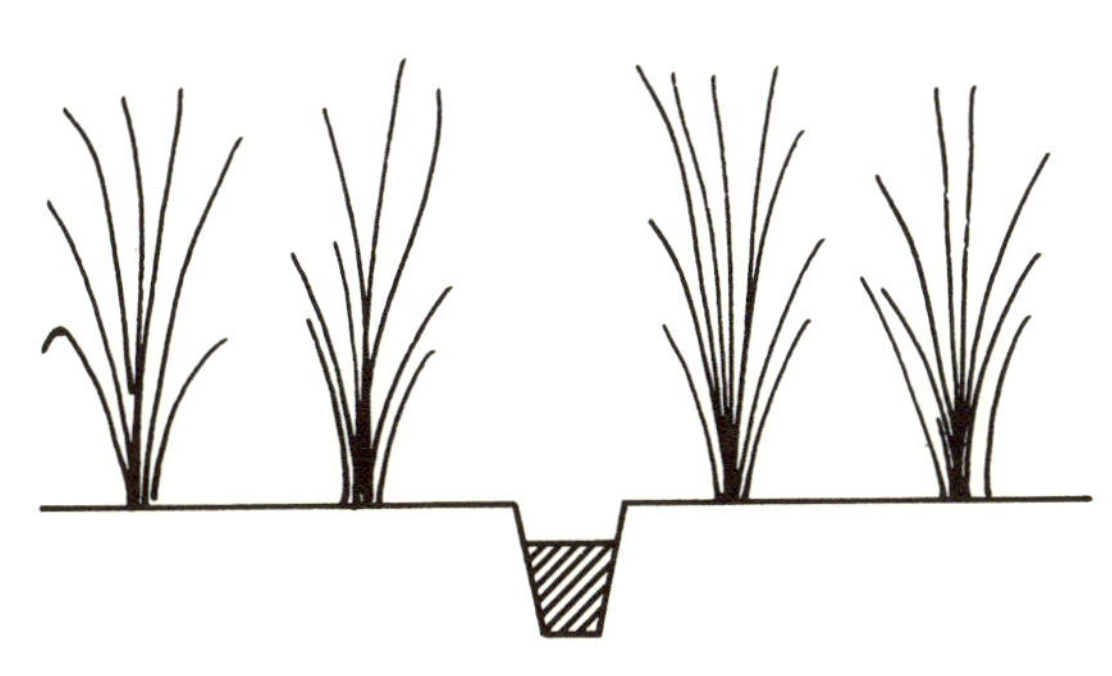

一株をスコップで掘りおこし、深さ20～30センチの穴をつくる。ここをのぞいて底水の量を見る。上から15センチ水位が下がったら水を入れる。

要である。要するに、出穂後にいつ田に入っても足がめり込まないように、だんだんと田を干し固めるように間断かんがいするのが最良である。

よく落水時期はどうか、と質問をうけるが、これは土質による。田の表面は乾いても、底に水のある田もあるし、地下への透水が非常に早い地域もあるから、コンバインが入れる限度ぎりぎりに落水は遅らせるのがよい。

◆水管理のポイント

〈底水のぞき穴をめやすに間断かん水〉

間断かん水のめやすとして、アゼから少し中に入ったところに底水ゲージをつくるとよい。

第21図のように一株分の深い穴をあけておくことだ。

底水のある間はかん水しなくてよい。

への字イネは出穂四〇日前から三〇日前にかけては分

けつの最盛期である。この時期に地域ぐるみで中干しの行事がある。中干ししては分けつが止まるのではないか、と心配する向きが多いが、何の心配もない。への字イネは中干しに入っても分けつのペースは決して衰えない。水があろうが干そうが、分けつはチッソがきいているかぎり止まらない。

だが、中干しが強すぎて指の入るくらいのヒビ割れができ、田面が白く乾くと下葉がいっせいに枯れる。こうなると、分けつ芽を出すはずの下葉がやられるから、確実に分けつは減る。だから、中干しは、水の止まる直前にガップリ堪水しておいて、中干し程度が軽くなるように心がけることだ。

イネにとって水は、いつも多いほうがよくできる。節水はイネができにくい。だが、プールに泥をつめてイネをつくるようでは根は腐る。地下にまったく透水しない田は酸素補給、なんとかいって田を干すほうがいいかもしれないが、一日に二〜三センチの地下浸透のある田は、一生イネをガブガブ管理したほうが出来はよい。そして登熟期に力がある。

イネの登熟期には新しく発根しない。モミが色づくころにはもう新しい根は出ない。根がいつまでも頑張るかで、コメの丸みがちがう。下葉が枯れ上がるのは根が老化した証拠である。コシヒカリはとくに根が弱い特性があり、後半の間断かんがいが大切になってくる。地下に一日二〜三センチの透水のある田は、いつも新しい水が補給されるので、決してタテ根も上根も老化しないから多収しやすい。

出穂後雨の多い年は、さきほどの底水のぞき穴が威力を発揮する。コシヒカリは出穂後の水管理で倒すか立つかが決まることがある。

〈深水栽培をどう考えるか〉

への字稲作と深水栽培。これは一考の余地がある。への字は元肥はゼロである。そして疎植である。この状態では気温の低い時期の保温の目的以外は、深水栽培は不利である。尺角に植えて深水にすると茎数は絶対に少ない。深水栽培とは、元肥を多量に入れて密植し、過繁茂を防ぐために深水にすることをいう。元肥多量でも、深水によって初期生育を抑制すれば、育ちはへの字型になる。それでへの字イネになってくれるのはいいが、始めから、初期生育を抑制するように元肥ゼロ、尺角植えならば、さらに深水での抑制追い打ちはいけない。また、暖地、九州など、高温下の深水はアオミドロと浮草でイネが押し倒されてしまうから不向きである。暖地は水温がいくら深水でもすぐ上昇するから不都合である。

〈浮草、アオミドロ対策〉

浮草は肥料を横取りするし、水温上昇を妨げる。元肥が多く入っている田は、浮草で生育抑制はありがたいかもしれないが、への字イネでは敵である。深水では浮草に悩まされる。

アオミドロなどラン藻類は空気中のチッソを固定して供給するので土地を肥やす役目がある。これ

第22図　8条おきに溝を切る

が発生しても害はないが、アオミドロがわくのは水が深くて古い証拠である。

浮草もアオミドロも、除草剤で長期間発生しない。ただしMOやショウロンMなど、MO系の初期除草剤は、浮草とアオミドロには無力である。一発処理剤の中にも浮草にきかないものがあるから経験をつむとよい。

中干し終了後に浮草やアオミドロが発生するようでは、その人の水管理は落第である。きっとそのコシは倒れる。

〈かん水・排水のために溝切りを〉

溝切りをしておくとかん水・排水が早くてよい。時期は中期除草剤をまく前がよい。分けつ最盛期ごろ、一日だけ落水して翌日に、八条か一六条ごとに溝切機で溝をつけておく（第22図）。溝の部分は除草剤処理層が破壊されるから、溝切り後に除草剤をふっておきたい。そして溝切り予定の条は、田植えのときにあらかじめ、四五〜五〇センチに間隔を広げておく。田植えのときから八条ごとに広い間隔をあけておかぬとイネづくりは落第である。一枚の田の区画が広いほど、溝切りは大切な作業であり、ついうっかりすると溝切りの時期を失してしまう。

溝切りは雨の多い年に威力を発揮する。排水が早いからで裏作地帯では欠かせない。

登熟向上策から収穫、保存法まで

◆軽いなびきのときの登熟向上策

南風が吹くと止葉は北になびく。北風で南向きなびきは日光がよく入るが、北へのなびきは受光がわるくなる。

こんなとき、第23図のように竹竿で押してやるとよい。陰になっていた止葉が表面に出てくる。止葉と穂の向きを変えるようにまぜるのである。これを一回やると五升ぐらい増収するような気がする。倒れそうなときにもこれは有効である。だまって半倒れを見ていることはない。二〇分もあれば一反

第23図　倒伏防止の棒押し

の田は押せるから、登熟向上と倒伏防止に何回かやってみるとよい。

◆ 刈取り時に枝梗の生きているコメがうまい

刈遅れのコメはまずいのはなぜか。枝梗が死んでいるからである。枝梗が枯れても乾湿をくり返

第24図　モミの首が青いコメは味がよい

さなければいいが、雨や朝露でモミが充分に水分を吸い、昼間は充分に乾く。これが毎日くり返されるのでコメの味は抜けてしまう。

第24図のように枝梗が生きていると乾湿のくり返しはない。枝梗の生きているモミは完熟していてもなお、モミの首は青い。こんなコメは味がよい。

穂肥過多、実肥をやったイネは、モミの黄熟と同時にモミ首は黄変、枝梗枯れが早いのである。いくら止葉が青々としていても、枝梗の枯れは実質刈遅れである。そのくせ穂首近くの二次枝梗は、いつまで待っていても黄熟しない。

への字型のイネは、止葉が黄緑のビワ色になってややチッソ不足に見えても、枝梗はいつまでも青く、穂首のモミまで黄熟が早い。こんなイネは、いつまで田に放っといても刈遅れにならない。雨があっても、朝露にぬれても、突っ風にあっても乾湿は一定であるからだ。

◆自然乾燥と機械乾燥、どちらがうまいか

有機栽培者や都会消費者はモミは自然乾燥のほうがうまいと信じている。だが、私の毎年のテストでは、これはまちがいである。

自然ハザ架け乾燥は好天だと水分一三％まで乾く。乾きすぎである。玄米水分は梅雨までは一五・

五％が理想である。梅雨越しの場合は一四％が限界。それより高水分では保存がきかない。ハザ架けは過乾燥で落第。

また、ハザ架け中に再々雨にあうと、一四％↓二五％↓一四％と乾湿のくり返しになり、コメのエキスが抜けてしまう。雨くいのハザ架け自然乾燥米は刈遅れ米と同じになり、味はわるくなる。

それなら、天候に左右されない機械乾燥のほうがよっぽど品質は安定している。通風と低温で時間をかけてゆっくり乾燥すると味のよいコメに仕上がる。

機械乾燥の欠点は、一夜のうちに限界の高温で連続火力をきかすから灯油臭がしみ込んだり味が変わったりするのだ。

ハザ架け自然乾燥の利点は、少々早刈りしても追熟があり、少々の未熟米も上米にアップすることにある。実はこれで反当半俵は増収する。

◆コメの水分と味、そして保存の注意

米屋の要求は、玄米水分一六％をほしがる。一五％を切るとまずいという。軟質米に馴らされているからだろう。

われわれ農家では一六％の高水分ではモミスリ作業は不可能である。万石式の籾摺機では一五・五

%が高水分の限界。だがコシヒカリなら一三%の過乾米でも味は変わりないことを確かめている。乾かしすぎると農家は量目で損するが、西日本では検査基準が一四~一五%の間となっているので、私は用途別に水分を変えている。

梅雨越し保存と検査米には一四・五%、梅雨までに販売する縁故米は一五・五%として、保存は必ず出荷用の紙袋の新品を使う。

保有米を缶貯蔵する農家は多いが、缶保存の場合は一三%にしないとダメ。缶は満タンでは変質しないが、米が減って空気が入ると虫とカビにやられる。また、缶では二月までは呼吸を逃がすように、通気口を開けておかねばコメがむれる。三月には通気口を密閉しないと虫がつく。袋での保存はネズミ害を心配するが、袋積みの間に毒エサをまいておくことで解決する。

また、缶保存ではドライアイスを入れておくことで虫は防ぐことができる、と友人から聞いた。ドライアイスが溶けると炭酸ガスになるから虫が窒息するらしい。

第四章

良質米の肥料学

●コメの味をひき出すための肥料

いままでの肥料学がまちがっている

作物にはチッソ・リン酸・カリの三要素に、カルシウム・マグネシウム・イオウ。そしてイネにはケイ酸。

こういった肥料学は基礎である。この肥料要素の知識をもつことはいい。だが、これを強制され、実行していることがまちがいである。

コメの収量が頭打ちになり、良質米が倒れて減収する、という事実が肥料学のまちがいを証明している。

たとえば、コシヒカリが倒れるということは茎葉が軟いからだ。茎を硬くするためにカリをやる、ケイ酸分を増施する。それでも倒れたらやり方が少ないからだ、と指摘する。それでもなお倒れたら伸長期の天候不順が原因だったとか、雨風が…と天候のせいに責任逃れする。この肥料学がまちがっている、と申し上げているのである。

イネには通じぬ三要素主義

拙著『ここまで知らなきゃ農家は損する』で指摘したとおりで重複するが、コシヒカリについてはなおいっそう大切なことがらであるからあえて書く。

チッソ肥料は茎葉を大きく育てるが軟弱になる。硬くするためにリン酸やカリを多くやる。イネにはさらにケイ酸を多くやる。というのがまちがいということである。

チッソ量に見合うリン酸・カリ・ケイ酸、すなわちチッソを多くやって、それ以上のリン酸・カリ・ケイ酸などの硬化肥料をやれ、という指導がまちがいである。

チッソがほんの少しふえただけで、いくらリン酸・カリを多くやっても、決して倒伏は免れないのが事実なのだ。リン酸・カリをむやみに多くするよりも、チッソを控える。これが最も大切であり、リン酸・カリ・ケイ酸をいくらぶちまけても何の効果もない。カリもケイ酸も、茎を硬くする効果はみじんも見られない。これが三要素主義はまちがっているの論拠である。肥料を論じるなら六要素を論じなければならない。

低コストはケイカル・ヨウリンの廃止から

土壌改良資材として、ケイカルもヨウリンも入れなくてはいけないものと盲目的に信じて、ずいぶんコストにムダを生じている。

これらは入れて即、害はない。連年多用すると害の出ることはあっても、正直なところ入れた場所入れない場所の差はなく、何の変哲もないしろものだ。

百姓自身、もういいかげんにこれを確かめなくてはいけない。いわれるとおりに毎年ケイカル二〇〇キロ、ヨウリン一〇〇キロを入れているのに土は一向によくならず固くなる一方。毎年コシが倒れる。なのに毎年入れている。

低コスト稲作の第一歩は、ケイカル・ヨウリンの廃止から始まるのだ。ケイカル・ヨウリンを入れないで作柄に差が出れば、それは価値があろうが、自分の田を半分に区切ってテストすればすぐわかることだ。

イネにケイ酸の必要なことはわらやモミガラを分析すればわかる。吸収していることはまちがいないが、それとケイカルをやることとは別もので、これが肥料学の誤りだ。

イネわらを還元しているし、モミガラも入れる。灌漑水には無尽蔵に天然供給がある。土の本来の成分はケイ酸だ。なのになぜわざわざ産業廃棄物のケイカルをふらされるのか。竹ヤブを見よ。何千年も無肥料で自生しているのに竹の葉にはすごい量のケイ酸が含まれる。だれか毎年竹ヤブにケイカルをまいているのか？

ケイ酸(SiO)はマイナスイオンである。土に吸着されずに流亡する。冬に田にまいたケイカルは、カルシウムとケイ酸が分離すればケイ酸だけ流亡する。流亡するから天然供給量が多いわけだし、田に入れてもムダとなる。

一方、ヨウリンはどうか。リン酸吸収系数の高い火山灰土壌はリン酸がすぐきかなくなるから、多量にやれというが、それで効果のある地域は別として、どの田にも効果があるかどうか。それを百姓が自分で田を区切って確かめるとよい。そうすればだまされないですむ。

リン酸肥料はどの程度役立っているか

リン酸成分は植物体内の新陳代謝を活発にするとされているが、早い話リン酸は適当にきけば作物の生育が快調になることは事実だ。

第5表　コシヒカリ単収600kgとしたときの肥料成分吸収量

多量要素	チッソ $N^{(+)}$	リン酸 $P^{(-)}$	カリ $K^{(+)}$	カルシウム $Ca^{(+)}$	マグネシウム $Mg^{(+)}$	イオウ $SO^{(-)}$
含有総量	5.6kg	3.2kg	7.0kg	3.0kg	2.0kg	1.0kg

上記は単純に計算した筆者の試算である。白米および地下部を含まない。
その根拠は以下の表である。

	わら 600kg	もみがら 150kg	米ヌカ 60kg	計
N	0.6%×600＝3.6	0.5%×150＝0.75	2.1%×60＝1.26	5.61kg
P	0.1%×600＝0.6	0.2%×150＝0.30	3.8%×60＝2.28	3.18kg
K	0.9%×600＝5.4	0.5%×150＝0.75	1.4%×60＝0.84	6.99kg

第6表　三要素テスト

	三要素区	無肥料	無N	無P	無K
イネ	100%	78%	83%	95%	96%
ムギ	100%	39%	50%	69%	78%

もし、無リン酸でイネやムギをつくったとき、何の変わりもなく順調に育てば、土の中にリン酸分が充分あったことを意味する。

小麦あとにイネを植え、過リン酸をやったところとやらないところを区切れば、リン酸の効果ははっきりする。小麦あとは土地が荒れているからリン酸をやると快調に分けつする。やらないと、いくらチッソを入れてもイネはいじけたようになる。リン酸効果が目に見えるのはこのときぐらいである。

水田では、湛水後日時がたつとひとりでに土中の不溶性やく溶性のリン酸がきいてくる。イネの根が太くて活力があれば自分でリン酸を溶かして吸う。だから、コシヒカリには、ヨウリンや他のリン酸肥料を与えるのじゃなく、太い根を出させることだけ考えればよい。太い根は、尺角疎植で太い苗を植え、元肥無チッソにすれば勝手に出てくれる。

これがへの字稲作の根源で低コストの始まりとなる。

イネの全生産物（わら、モミ、米ヌカ）に含まれる肥料成分を計算してみると第5表のようになる。白米を入れてないのは、中身がデンプン主体で肥料分がほとんど含まれないからである。

コシヒカリならこの表のように、チッソ五・六キロ、リン酸三・二キロ、カリ七キロしか吸収していない、となると、肥料分のむやみやたらと増施するムダがわかろう。

リン酸はまったくやらなくとも、土中には不溶性（鉄やアルミナと化合したもの）が何トンとなく蓄積されており、無リン酸でも収量にはほとんど変わりない。

試験場のテストでも、無リン酸で九五％、無カリで九六％の収量、無チッソで八三％と文献に出ている（第6表）。だからカリフォルニアの稲作がチッソ単肥で建国以来つくりつづけているわけだろう。

もともと土中にある不溶性リン酸は、強力なイネの根が出す根酸で溶かして吸う。このような太い根を出させればリン酸施肥は省略できる理屈で、これがへの字型稲作でないと太い根が出ない。

六要素を考慮に入れたコシの施肥

こうした考え方をしてみると、肥料なんてもの、少ないほどムダがなく吸収されることがわかる。私はこれをもとに肥料設計を組みたてている。

堆肥も小麦わらも入れない田で、コンバインわらのみ還元した場合のコシづくり。

チッソ肥料＝出穂四五日前硫安一五キロ

リン酸＝元肥または四五日前に過石二〇キロ、穂肥時期にマグホス二〇キロ

これでチッソ施肥三キロ。リン酸施肥六・八キロ。カリはやらない。

チッソは地力からの発現と天然供給とで約六キロ以上あり、施肥チッソ三キロで計九キロ。この程度が限界で、これ以上チッソを与えると倒れる。イネの顔色がこれを証明する。

リン酸の施肥量六・八キロは多すぎているが、要求量の倍与えて半分吸ってくれる。

カリ分を与えないのは、前作わらに五・四キロあり、天然供給が最低三キロあれば計八・四キロもある。人為的にカリ肥料をやらないほうが熟色が美しくなる。

カルシウムは、硫酸カルシウムとして過石に六〇％、マグホスに二七％あるので、正味カルシウム

施肥量は一五キロに達している。過剰である。だがカルシウムは過剰でも何百キロもやるわけでないからこの程度ならよい。むしろ吸収量は三キロでも一五キロぐらい与えないと茎葉は硬くならないし、コメの味が出ない。

マグネシウムはマグホス二〇キロ中に三・六％で七二〇グラム。吸収量の二キロとは程遠いが、前年のわら中に充分に含有する。それをわざわざ与えるのは、コメ粒の中にマグネシウムイオンをねじ込む意味である。後述するが、コメのうま味は低タンパク・高マグネシウム・高カルシウムイオンが要求されるから、コメの味つけとして穂肥時期にマグネシウムを含んだマグホスを使っているわけだ。

最後のイオウ成分であるが、吸収量は六要素中最も低く、〇・七キロから一・〇キロまでである。硫安と過石、そしてマグホスを使うかぎり、施肥イオウは過剰であり、かつ、天然供給の多い成分である。イオウは空中に亜硫酸ガスとして存在し、酸性雨をふらせているから、最近は天然供給も過剰である。

だがイオウはマイナスイオンだから土中に残留せず、過剰分は流亡するか他のプラスイオンと結合して過剰害は出ない。畑ではイオウが流亡したあと水素イオンを残し、酸性化するが水田では常に中性を保ち、酸性の心配はない。また、イネは酸性を好むからイオウは過剰のほうが結果はよい。酸性のほうが病気が出にくい。

以上、六要素について考慮に入れながらの施肥を考えてきたが、堆肥を反二トン以上入れるとすべての要素が余るぐらいあり、チッソ以外のことは考えなくてよい。イネの生育量をコントロールするチッソ成分だけ適量にもってゆけばよい。

倒伏防止のキメ手・硫酸カルシウム

いくらバランスよく六要素があっても、なおコメの食味向上と倒伏防止のための手だてがある。硫酸カルシウムと硫酸マグネシウムを施肥することである。いくら堆肥を多量に入れても、これだけはやったほうが確実に倒伏防止と食味向上になる。

カルシウムはケイカルにも炭カルにも、普通の石灰にも主成分として含まれる。だが、これらはいくらやっても倒伏防止にならないことは、全国のコシヒカリ栽培農家が経験している。

カルシウムの働きは、酸の中和と細胞の強化。とにかく硬くするのである。人間の歯も骨もカルシウム不足で折れる。イネの倒伏は骨折である。コシヒカリの弓なりわん曲は多収の姿だが、カルシウム不足は骨折倒伏する。

カルシウムは効率よく吸収してこそ効果があり、いくら施肥しても吸えなければタダの土にすぎない。石灰類では水に溶けにくく、イオン化しにくいから消化されないのだ。そこで、水にすぐ溶ける硫酸カルシウム（以下硫カル）でないとだめなのだ。

硫カルは過リン酸石灰（過石）中に六〇％、マグホス中に二六・五％以上含んでいる。過石もマグホスも、燐鉱石と蛇紋岩を硫酸処理したものが原料で、リン酸肥料として売られているが、われわれコシ栽培家は、リン酸肥効は二の次で、硫カル効果がお目当てである。これは肥料袋に保証成分の表示がない。三要素以外は表示義務がないからだが、もう一つ、硫酸根を含む表示をすると「硫酸根を含む肥料は土を酸性にする元凶」と信じる向きが多いから、メーカーは表示を差し控えていると、私は勘ぐっている。この硫酸根こそ農家のこよなき味方、遠慮することはない。「この肥料はこのとおり有益な硫酸根を何パーセント含んでいます」と胸を張って表示してもらいたい。

さて、倒伏防止のために、コシや長稈良質米には何を、何キロ、いつやればよいか、だ。

元肥にやった過石は生育のために消費されるから、硫カルを最大限にきかして茎葉を硬くするには出穂三〇日前からである。節間伸長に合わせて二〇キロずつやる。倒伏の心配がないくらい淡くなっていたら三〇日前か二〇日前に一回二〇キロ。色がさめなかったら二〇日前にもう一回二〇キロ。それでも黒かったら一〇日前にもう一回二〇キロ。どんなに倒伏必至という黒い色をしていても、三回やれば色あせて硬くなる。

だが、あまり回数多く多量にやると根が濃度障害でやられ、その原因で葉色がさめる、ということもある。過石やマグホスをどんどん追い打ちをかけると根を焼くという表現がピッタリとなる。

「こりゃ黒いナ。こいつはこけるで。過石三〇キロ二回やって根を焼かんとアカンな」。こういういまわしを私はしている。イネのためにはわるい。根を焼くぐらいやると弱る。イネを弱らせてでも茎を硬くし倒伏を防ぐ。これは最後の手段である。そんなにわるあがきしなくてよいようにチッソを控えることのほうが大切だが、人間が酒のみすぎて胃薬飲むようなもの。中にはタダ酒をたらふく飲みたいために始めから胃薬持参、といった図である。

穂肥時期からの過石の乱用、これは稔実歩合に必ず悪影響がある。三〇日前一回二〇キロはよい。倒伏防止に何回も乱用すると、根を焼く副産物として穂が汚くなる。これは覚悟しなければならぬ。けど、過石の乱用わるあがきでの稔実歩合の低下は、チッソ過多、カリ過多にくらべて格段に大ちがいである。リン酸と硫カル過剰は稔実歩合が多少低下してもコメ粒は丸くなり、見事な千粒重の大きい光沢のあるコメ粒になること請合いである。リン酸がきくとコメ粒は丸いナ、と実感する人は経験者に多い。

こんなコメを出荷すると検査員から「これはコシヒカリじゃない。こんな大粒の丸いコシがあるものか」と一般米に格下げされるようなコシをつくりたい。検査員には「食べてみてから検査せよ！　そんなこというヤツ、検査員の資格なしだ」。私はよくこうやり返す。

おいしいコメにする肥料学

コメの食味にはたくさんの要素がからみあう。品種、産地、気候風土、栽培方法、肥料など複雑である。普通は昔から産地至上主義がいわれるが、自分の産地で、名高い産地のコメに負けない味の逸品をつくり出す。そのためにはこの項が大切な役目を果たす。

コメの味を決める要素を第7表にまとめた。

コメの食味はこの表のとおり、コメ粒の中身によって決まる。

一に品種、二につくり方、三に産地である。それが米屋のいいぶんでは、一に品種、二に産地、三・四がなくて五に肥料、ってことを主張する。第8表に品種による内容成分のちがいを示したが、コシヒカリの日本一うまいとされる新潟県。コシだからうまいのであって、その昔農林一号が出現するまでは新潟米は鳥またぎといって、スズメがまたいで通る、とさえいわれた悪質米産地であった。だから産地主義はまちがいで、何としても品種が第一である。早い話、コシなら日本全国どこでつくってもほんとにうまい。ベタに倒れてもコシはやはりうまい。これが品種特性で、コメのうまさは品種が

第7表　コメのおいしさはどう決まるか

	おいしい	まずい	どうするか
品種としての性格	長稈種	短稈種	コシ・ササに代表される
アミロース含量 アミロペクチン含量 蛋白質含量 カリウム含量 マグネシウム含量	少ない 多い 少ない 少ない 多い	多い 少ない 多い 多い 少ない	品種の性格によるので、このような品種を選ぶ。
栽培方法での変化	への字型	V字型	
穂肥チッソ量 カリ量 マグ・カル量 粒の充実度 水管理 肥料	少ない 少ない 多い 太い 湿り気味 有機質	多い 多い 少ない 細い 乾き気味 化学肥料	●穂肥はなるたけやらぬ ●カリ肥料を少なくする ●過石・マグホスをやる ●枝梗と下葉の生きるイネ ●落水を遅らせる ●土つくりをする
産地の有利性	寒地	暖地	これは克服できないが、栽培方法でカバーする。年による変動あり。
土質 昼夜温度較差	粘質(湿) 大	砂質(乾) 小	

第8表　米の食味と成分

	コシヒカリ 新潟	ササニシキ 山形	日本晴 滋賀	イシカリ 北海道
蛋白質(%)	6.70	6.89	7.19	8.48
硬さ	2.90	3.18	3.23	3.57
付着性	0.28	0.22	0.17	0.10
アミロース含量(%)	18.0	20.9	21.4	23.2
アミロペクチン(BU)	23.8	20.0	18.0	3.6

この表でわかることは
①蛋白が多いほどまずく、硬く、付着性がわるくなる。
②アミロースが多いほどコメはパサパサする。
③アミロペクチンが多いほどコメは粘くなる。
この表にはないが、このほかカルシウムとマグネシウムを多く含むと甘味を増すことが知られている。

九〇%を占める。あとの一〇%が栽培方法とか、産地の気候風土だろう。

だがササニシキとあきたこまちは、産地が変わったら味に大変化あり、私の試作ではこの両品種はからっきしダメだった。コメはとれてもその味は本場ものに遠く及ばず、日本晴に劣る悪食味となった。これが品種特性であって、ササは宮城、こまちは秋田でないと食味の本領を発揮し得ない。

こういうと、良質米を味で売るためにはコシヒカリしかない、と思われそうだが、そこにはササニシキやこまちのように、朝日があっていいし、ハツシモが評価を得てよいのだ。朝日・ハツシモの名を知らぬ米屋はない。とにかく名前の売れたものでないと今後はダメだ。

そして、名の売れた品種でも、一歩つくり方を誤ると次から米屋が買ってくれなくなる。うまい品種を、うまくなる栽培法で。この両輪でゆくにはへの字型のつくり方と穂肥がわりに過石・マグホスをやることで決まる。

過石の効用は、イチゴ、スイカなどの糖度向上と、果樹で明らかにわかる。後半に硫カルがきき、リン酸がきくことは、すべての作物のうま味を引き出す技術の頂上である。

カリ肥料、過剰で減収、味おとす

第7表で、コメ粒の中にカリウムが多い品種や穂肥にカリが多かった場合、確実に味が劣るとされている。品種特性でも、在来種中の味の劣るものはカリ型、うまいものはマグ型と分けられている。品種によりコメ粒中に蓄積しやすい養分に差がある。そのうえに穂肥にNK化成をどんどんやる県の指導方針の地域では、心しなければ名声を落とす。その産地の名が評価されないから助かる産地もあるのだが。

カリ成分は一一八ページの第5表のとおり、そんなに多く吸収しないで六〇〇キロとれる。むやみにやると過剰吸収する。リン酸とちがってカリは、やるだけぜいたく吸収する。チッソと同じで満腹でもあるだけ食う、ので害が出る。

カリ過剰の害は、第一にチッソの相乗効果があり、チッソをさらに吸いやすくすること。第二にホウ素・マンガンなどの微量要素に桔梗作用があって吸収妨害する。ほかにカルシウム、リン酸の吸収阻害がある。

その結果、イネの場合、カリの増施でますます色は濃くなり、硬くなるはずが逆に軟らかくなり、熟色は汚く止葉や穂にススが吹く。

ススは、ツマグロウンカやアブラムシの排泄物にカビが出るのだが、カリ過剰は確実にアブラムシがたかる。そして倒れやすくなり、コメはまずくなり、いいとこなし。

カリは茎を硬くする、と盲目的に信じているのは百姓のみならず指導機関だ。

兵庫県の特産酒米の山田錦栽培の講習会で、カリの超多施を力説する普及所長がいた。私の質問は「カリ抜きで山田錦の栽培試験をしたことがあるか」。

「酒米試験場ではその試験はございません。カリは茎を硬くしますから多くやる必要があります」。

「私のたくさんの仲間がカリ抜きで山田錦を無倒伏多収。農協指導の田はみんな倒伏の事実をどう受けとめますか」。

「それは聞いてませんけど……」。

気の毒でそれ以上追求はしなかった。

カリは天然供給で反当三～五キロの成分がもちこまれる。これは水もちのよしあしで大きく異なり、一回の水入れで一週間も一〇日も湛水する田はカリの天然供給は少なかろう。毎日入水する洩水田では天然供給は多く、その代わり流亡も多かろう。前作のわらすき込みで五キロ以上のカリ成分が田に残留することも大きな供給である。

カリはプラスイオンで土によく吸着されるが、保肥力（CEC）のないヤセ田では過剰分が流亡する。だから、施肥カリが少々多くても、逃げてくれるから案外カリ過剰害が出ていない田もある。

第一章の「なぜコシヒカリは倒れるか」の項で、水を入れすぎるから、というのがある。水を入れすぎることはチッソとカリの天然供給量をふやすことになり、過剰吸収による軟化倒伏にもつながっている。カリはコシ一〇俵どりで成分七キロしか吸わないのがよい。天然供給を考え、やりすぎては害のあること、コメがまずくなることを指導機関だけでなく、百姓自身が確かめてみることだ。

肥料成分の流亡について少しつけ加えたい。有機物の少ないヤセ田は、プラスイオンの肥料成分（チッソ・カリ・カルシウム・マグネシウム）をつかまえきれない。流亡するのである。

流亡を防ぐ方法は、水もちをよくするために代かきをていねいにすることのほか、粗大有機物を多投して腐植をふやす以外にない。

もう一つ、水田では脱窒作用が知られている。脱窒とは、水田状態で表層に硫安などの無機チッソをまくと、表層で酸化して硝酸態チッソに変化、そして地中還元層で単体チッソになって空中に放散することをいう。こうした変化で表層施肥は損失が多く、水田では五〇％しか利用されないといわれる。

これには大いに異論を唱えたい。理論はそうであっても現場ではそんなことは起こらない。

まず、表層にやった無機チッソは土に吸着され、バクテリヤが食い菌タンパクとなり、そんなに簡単に硝酸化流亡しないのだ。土質が腐植に富むほど流亡脱窒はあり得ない。脱窒という言葉は肥料メーカーの謀略ではないか。硫酸根の害と同じように。

第五章
良質米の土つくり

地力は一朝にして成らず

仲間の経験であるが、いままでイネのわらは全部とり上げて還元していなかった。耕土の浅いやせた田んぼに、前年牛ふん堆肥五トンほど入れてもらった。田植えの六カ月前である。堆肥の成分からいうと、チッソ分〇・五％で二五キロ、リン酸は〇・一％で五キロ、カリは〇・五％で二五キロ、という計算になる。

この田んぼにコシヒカリを植えたが、非常によく乾く田で冬と春はまっ白でホコリが立つ田だったせいか、オガクズ入りだったせいか、コシに堆肥がまるっきりきかない。無肥料出発で四五日前に格安で入手できたオール八の低度化成を四〇キロ入れた。チッソ成分三・二キロ入っているのに出穂前には強烈に黄化し、硫安五キロ（チッソ一キロ）を穂肥した。結果はピンと立って三石の収量だったから満足ではあったが（第25図）、あの堆肥の成分、どこへ行ったんだろう？

自然界ではこのような不思議なことがあるもので、地力は一朝にして成らず、を思い知らされた。ところが一年めはきいてくれない堆肥。三年連続して五トンずつ入れるとすごいことになる。たいていの人は、三年めにドカ出来してイネをぶっ倒すのである。

第25図 地力はすぐにはつかない

左：堆肥投入初年目の、仲間のコシヒカリ。7.5俵。
右：私のコシヒカリ。10俵どり。

私は相当以前からモミガラ・イネわら・鶏ふん多投・そして牛ふん堆肥と地力増強の努力をしてきた。

だから、コシをつくるとき、完全無肥料出発で四五日前硫安一〇キロを入れたら最後、いつまでも色がさめない。これが地力である。成分でわずか二キロのチッソでも刈場まで長もちする。これが腐植の力である。土つくりを気長に、毎年やっているとチッソ分は毎年地力として発現、やった化学チッソは速効性硫安が遅効性有機肥料のようなきき方となるのは、腐植がチッソをつかまえて離さないからである。

地力がつきすぎると困る

多収の安物品種は地力はいくらできてもよい。地力がつけばつくほど追肥が省略でき、無肥料で楽な稲作ができ、きれいなイネができ、コメをタダどりできる。

だがコシヒカリはそうはいかない。地力が適当にあると前半は淋しく、中期に盛り上がり、晩期にビワ色、という理想的な自然イネになるへの字型の模範になるのだが、地力がありすぎるとチベット高原型になり、のべつまくなしにまっ黒なコシになる。疎植にすればイネは倒れないがコメの味が劣るし、それ以上に困るのは茎葉を硬化させる手だてが必要になることである。良質米には地力がなくてもよい、あればなおよい、あり余れば困る、というわけだ。

地力があり余る場合でも初期が淋しいので、化学チッソゼロで押し通すことが精神的苦痛になる。どうしてもちょっとマジナイ程度に硫安か化成をふりたくなる。さきほど書いたように、これが刈場までワルサするのだ。もう少し分けつ本数を、という気になるからついふってしまう。たしかに遅植えコシではマジナイしないと茎数がとれない。しかしこれで刈場までまっ黒なイネになる。

そこで、こうした地力のありすぎる田にコシをつくるときは、第4章で前述したが、過リン酸・マグホスなどで硫酸カルシウムをどんどんきかせて茎葉を硬化淡化させる努力が必要となる。これがつくりづらい、という中身である。

それにひきかえ、やせた田は都合がいい。いつでも色を出させることができ、いつでもさめてくれる。人間の自由意志で自在な調節ができる。ま、それだけ観察と肥料ふり回数増となってコストが上昇するが、つくりやすくなることは事実である。

深耕も地力のうち、一八センチがよい

作土を深くする。大切なことは決まりきっている。低コスト増収には深耕しなければならない。耕す深さはイネの理想としては三〇センチ。だが現実には二〇センチが限界であろう。機械の能力もあり、水田を歩く作業で足がめり込んでつらい。二五センチでもつらい。

そこで、深さは、イネのためにも、作業のためにも、一八センチがいちばんいい。一八センチの深耕なら、どんなトラクターでもできる。パワーディスクなどのアタッチも不用となる。条件のわるい田でもできる。心土がヘドロの干拓地でもできる。

二〇馬力ぐらいのトラクターなら通常、一二センチぐらいしか耕していない。もう六センチ、これ

は代かき前の水を入れての荒代で低馬力トラクターでも難なくこなせる。

深耕も地力のうち、といっても二五センチぐらいにしなければ効果は目に見えぬ。だが深ければよいというわけにはゆかない。コシヒカリをつくるとき、深すぎる耕土は肥料がいつまでも長もちしてイネを倒すからだ。地力のつけすぎと似てくる。

堆肥をたくさん入れた田、鶏ふんを多投した田、クソ捨て場にした田んぼは、決して深耕してはならぬ。できるだけ浅く、七〜一〇センチにとどめなければコシを倒す。

また、グライ土、底土（心土）が青い粘土の地域でも深耕は増収にならないことがある。五センチに耕しても二五センチに耕してもコメの収量に変わりない地方もある。これは底土がいいからで、そんなところでは深耕の効果は出ない。耕深はその地方の経験により決めるべきである。それよりも、「心土貫通」するようなイネに育てることが大切で、耕盤をつき破って地下一メートルに根が伸びるようなイネ。それはよい苗の尺角疎植で元肥ゼロにすることにつきる。

堆肥の効果は質と量で大ちがい

畜産家にわらと交換で入れてもらう堆肥。これは質できき方は大ちがいである。堆肥というのは堆積して半年以上醱酵したものでないと堆肥ではない。醱酵してないものは生牛ふんである。

堆肥の場合、オガクズ半分という肥育牛のものはチッソ含量は低く、腐植の力量は長もちする。これを五トン入れた場合、初年度はまだ地力がないので肥料分が流亡するためか、ほとんど肥効は目に見えない。三年つづけてやるとやっとはっきりわかるようになる。五トンというのは田んぼの土がほぼ見えないくらいの量である。オガクズ堆肥は地力増強にはいちばんよい。牛ふん中の尿素成分がドカぎきしないからで、そして腐植として永続性がある。まあ、一トンでチッソ肥効五〇〇グラムぐらい、五トンでチッソ正味二・五キロぐらい初年度にきく、という感じである。そしてそれっきりだと肥効の発現は五年ぐらい逓減しながらつづく。

一方、毎年五トンずつ入れつづけると、五年めには前五年さかのぼってプラスされる。これが地力であり、あり余る地力のこわい点だ。では、五トンという量が多すぎるのでは、といえようが、百姓としてせっかく堆肥を入れる気になったとき、五トンは入れなきゃ入れた気がしない。土がほぼ見えないくらい入れないと地力がつく気がしないのだ。だから五トンにとらわれているのである。

堆肥の質では、これが乳牛のふんはオガクズがない。クソ一〇〇％である。これの堆肥は確実にNPK、〇・六、〇・一、〇・七を含む。醱酵しすぎて白くなったものはチッソが損失しているが、半生でも、生でも、堆肥化したものでも成分のパーセントはほぼ変わりない。生なら重量があり、醱酵したものは量が減るとともに養分も失われ、同じ量なら生のものと完熟したものも成分は同じだ。

この類の堆肥は肥効としてきくのは二〜三年。初年度にチッソ成分の半分は出てしまう。カリ成分は初年度に全部出てしまう。

生の乳牛ふんはいちばんタチがわるい。人糞尿をやったのと変わりない。速効性肥料の部類に入る。油カスをやったような気持ちになるべきだ。たとえば生牛ふんを反五トン春か冬期に入れたとする。田の雑草は肥料をふったように青く繁茂する。半年もたって田植えをすると残効がドカぎきしてイネは無肥料でも最初からまっ黒になる。酪農家のイネができすぎてぶっ倒れるお決まりのパターンだ。

だから生の乳牛ふんは量を少なくするか、五トンも入れればイネを超疎植（坪三〇株以下）にするしか救う道はない。

生の鶏ふんも同じで、生鶏ふんや生牛ふんを田に捨てるようなところは、できるだけ冬か早春に入れ、浅く何回も耕起して白乾させ、尿素分の蒸散流亡をはかるべきである。または田を耕起しないでカラカラにクソを干し上げるのも蒸散に役立つ。暖地で冬によく乾くところほど、チッソの蒸発や流亡がはげしい。春の雨で田にいつも水のたまるような湿田では、このチッソ分はほとんど逃げないので、良質米をつくる田では生牛ふんや生鶏ふん多投は失敗のもととなる。

第四章で詳述したが、堆肥やふん類を多く入れた田ではカリ過剰になっている。チッソは自然損失があるが、カリは全量流亡しないとみていい。五トンでカリ分正味二五〜三〇キロ入れたことになるので、施肥カリは一グラムもやってはならない。カリ過剰はイネを倒す大きな原因である。

鶏ふんを地力的にきかすコツ

堆肥や牛ふんを入れることのできない地域は、地力増強に鶏ふん利用をおすすめする。

毎年イナわら還元だけで地力がもの足りない田。これは鶏ふんにかぎる。値段が安く、田にふる労力もジョギングより楽だ。大農にはムリだが一町規模なら反当一〇袋二〇〇〇円のコストですむ。

鶏ふん利用で失敗しないようにするには、肥効があまり顕著に出ない程度の量にすることだ。コシヒカリなら反当一五〇キロ。含有肥料成分は、自然乾燥もので平均チッソ三、リン酸四、カリ一%。反一五〇キロならチッソ成分量四・五キロがじっくり地力的にきく。

ただし、田に入れる時期によって肥効に大差があり、成分を有効に生かすには、なるべく田植えの直前に入れることである。冬の間に入れておくと春に分解して半分ぐらい損失するのでムダになる。

購入肥料として反二〇〇〇円もかけているのだから、肥効を全部利用したほうがよいし、田植え後一カ月は肥効の出ないほうがよいからだ。

田植え直前に鶏ふんを入れるとガスがわく、と心配する人があるが、ガスわきはこわくない。ガスわきで初期生育が抑制されたほうがへの字育ちに好都合になる。

コシヒカリに反一五〇キロの鶏ふんは、これだけでは不足である。しかし、三〇〇キロも入れたらすごい肥効で手がつけられなくなる。一五〇キロにとどめておき、四五日前に硫安一〇キロふれるほうが増収に役立ち、イネの生育をコントロールできる。

鶏ふんは肥料としての役目が大きく、地力増強にはあまり少量すぎて役立たないが、一〇年もつづけると確実に地力はつく。毎年鶏ふんを使うことは労力的にも飽きがくるが、地力資材の入手できない地域での救世主といえよう。

鶏ふんはゆっくり地力的にきく、といったが、それは自然乾燥物ものを田植え直前（一週間前ぐらい）に入れた場合だけである。一カ月も二カ月も前に入れたのでは、田植え後パッときいてへの字イネにならない。鶏ふんの肥効で四五日前に施肥できなくなる。四五日前に施肥できないとV字型のつくりになってしまう。

モミガラはどんどん入れよう

モミガラは肥料成分としてはイネのわらと同じである。それ以上に多量のケイ酸を含む。モミガラがライスセンターで多量に手に入るところではどんどん入れるとよい。これについては前著『痛快イネつくり』で詳述した。

いろいろ土壌改良材のあるなかで、モミガラほど土をよくする資材はこの世にない。

モミガラはいちどに反三トンぐらい入れても暖地なら大丈夫。三トンといえばイネ二町歩分である。三トンでほぼ土が見えないくらいになる。五センチの厚さになるだろう。

寒地ではこの半分が限度だ。そしてモミガラはこの量なら三年に一回ぐらいにすること。毎年三トン入れたらイネは育ちにくい。

それは、モミガラは炭素率が高く、土中チッソと施肥チッソを横取りするからだ。たとえば、乾田で反三トン、二町歩分のモミガラを冬に入れたとする。これが横取りするチッソ量は成分で一〇キロに達しよう。地力から半分、施肥から半分として、コシヒカリなら硫安二五キロ分食われてしまう理くつである。だがモミガラは一挙に横取りしないから、また田によって腐り方がちがうから、イネをよく見るとよい。

私の場合、モミガラ三トンでコシづくりは、無肥料出発⇩五〇日前硫安二〇キロ、で解決している。地力があるから秋に施せば春の間に地力チッソでほとんど腐っているからである。

モミガラ多投でイネにガスわきの障害は出ない。フカフカしてガス抜けがいいからだ。

モミガラの効用は、腐植の効果が長いこと、ケイ酸がきいて硬いイネになること、そしてゴマハガレの特効薬であること。裏作麦では排水よく、水田では保水力がよいこと。モミガラに付着したイネの病菌を心配する向きがあるが、いちどだってその傾向を見たことはない。土中で他のバクテリヤに食われて死滅分解するだろう。地力がつけば土中のバクテリヤはすごくふえる。元来土中にいるはずのないイネの病菌は、インベーダーとして土中菌によって駆逐されるからだろう。

裏作麦で土つくり

私は減反対策ではなく、地力の増強を目的に裏作で小麦を多収栽培する。これについては拙著『痛快ムギつくり』を読んでいただきたい。六石どりチャレンジである。

裏作麦は、冬期に雨の少ない地域と乾田でなければできないが、麦のつくれるところは地力増強に

第26図 麦あとのコシヒカリ、8俵でガマン

積極的にとり組もう。

イネのわらを還元しても、ほとんど地力の足しになった感じはないのに、麦わらは強力である。これは理屈ではなく実感である。

麦わらの全量還元は田植え作業がしづらく、ガスわきで困り、通常の場合はその年はコメは減収する。とくに大麦よりも小麦にその傾向が強い。まあ、小麦で反当十数万円の純益を出した跡作ならば、コメが一俵減収しても採算は充分であるが、小麦を多収した跡地のイネをへの字型で度胸よくやれば、かえってコメも増収する。減収した、という人は四五日前の施肥度胸のなかった人である。

私の場合、堆肥を入れて小麦をつくり、小麦反当一二俵とった跡地で、晩生品種をつくるとコメも一二俵とれる。が小麦あとにコシヒカリをつく

第27図　青刈り小麦をすき込んで地力の大増進

反・生草3.5t(N0.4%、P0.1%、K0.6%)、正味チッソ14kg、リン酸3.5kg、カリ20kg。跡作のイネは無肥料で多収した。しかしレンゲより地力コストは高くつく。麦に70kgの硫安を与えたから。

ると八俵しかとれない(第26図)。これは生育期間の相違と、四五日前にコシヒカリは六キロ以上もの思い切ったチッソ施肥ができないからである。

とにかく、小麦を多収すると地力収奪はすごい。そしてわらもすごい量である。だから少々の肥え田でもごっそり地力をもっていかれる。そのうえ、跡地は小麦わらを腐熟させるために多量のチッソが横取りされる。思い切ったチッソ施肥、これが小麦あとには要求される。

私は小麦一二俵とったあと、尿素二〇キロと過リン酸二〇キロを元肥にぶち込む。さらに小麦わら腐熟用のバクテリヤも加えて、全量うない込む。コシヒカリはこれで終生いける。元肥に尿素一〇キロの場合は、出穂五〇日前から四五日前にかけて硫安二〇キロの追肥がいる。小麦あとのコシヒカリは田植えが六月末、出穂五〇日前は七月六日に当たる。田植え後一週間で硫安追肥に入るのなら元肥に入れてしまえ、となるのは当然。それでイネの育ちは無肥料出発よりまだひどいあわれな初期生育であり、完全なへの字に育つ。ガスわきのおさまる中期ころから本格的に育つ。

そして小麦わらを多量にすき込んだ田は、その次の年にすばらしい土になる。無肥料でもすんなりとした淡い健康な、そして淡いながら地力で分けつがとれてゆく、といった心地よいイネになる。これが地力がついた証拠である。小麦の多収穫は毎年同じ田んぼにしないでローテーションで隔年にすると、小麦わらによる地力が実感できる。

また、青刈り麦でもよい。小麦を収穫しないつもりなら、硫安でも六〇キロほどまいといて小麦をまく。出穂そろいころにロータリーですき込む(第27図)。子実を稔らせないので、この場合はチッソの横取りなく、自分の体にもっているチッソのみで田植えまでにきれいに腐熟する。

これも手っとり早い地力のつけ方の一つである。コシヒカリなど良質米の有機栽培は、最も手間のいらない無化学肥料有機栽培の一つとなる。

レンゲ・クローバー・ソルゴーの利用

減反田を利用して土つくりをする。三分の一以上を減反しなければならないならば、ローテーションで三年にいちど、ソルゴーやレンゲ、クローバーなどで土つくりするとよい。

レンゲあとのイネつくりは第六章で後述するが、いまここでソルゴーやトウモロコシなどのC_4植物による土つくりを考えてみよう。

植物の根は、タテに伸びるものは根もタテに入り、横に伸びるツルものは浅根性で横に伸びる。背丈三メートルにも伸びるソルゴーなど熱帯性C_4植物は、温帯性のC_3植物にくらべて光合成能力が三～四倍ある。この性質を利用すると、粗大有機物による腐植の増大以外に、地下一～二メートルの心土から養分をもち上げ、心土の硬い粘土層に無数の根による穴をあけてくれ、ボロボロに耕してくれて水のタテ浸透に役立つ。ソルゴーやトウモロコシは心土の改良にも強い力を発揮する。ソルゴーが密生して三メートルにもなると、生草量はゆうに反当一〇トンを超す。与える肥料は尿素の二袋もあれば充分で、イネの根の届かない深層からも養分を吸い上げてくれるポンプ役ともなる。土地が肥えて当然。この土地の肥え方は、人間が肥料を与えた肥え方とちがい、全部粗大有機物が原料。土の中では

第28図　ソルゴーのすき込み

20馬力以上のトラクターなら２～３回ですき込める。

すき込んだあと

完熟堆肥化するから理想的だ。このソルゴーをトラクターでいきなりたたき込む。一五馬力ぐらいのトラクターでは唸（うな）ってしまうが、二〇馬力もあれば三メートルのソルゴー、あとかたもなくロータリーでつぶせる（第28図）。

こんな大胆な土つくりも有機栽培ではやってみる必要があろう。ソルゴーすき込みあとは麦もすごく増収し、麦を休んでいきなりイネなら四五日前に硫安なしでもコシヒカリが一〇俵ねらえる。

それにくらべてレンゲ、クローバーなど豆科植物は、空中チッソを固定してチッソ源として肥沃にするが、何としても乾物重が少なくて本来の地力の増強にはソルゴーに遠く及ばない。粗大有機物量が少なく、腐りやすくて鶏ふんを入れたのと大差がない。その年にドカぎきして腐植の永続性が乏しい。

だが、減反田を荒涼と遊ばせておくよりはましで、土中の無機肥料養分を牧草に吸わせて有機物化するのだから、土つくりには変わりない。もっともレンゲも、ソルゴーも、麦も、乾田で地力の自然消耗のはげしい地帯だけの話。それらがまったくつくれないような湿田では、何も苦労して土つくりをする必要はない。いつも水のたまっているような田は、土地はやせないでいつも肥沃である。

土は水がつくる。年中水がたまっている田は土つくり不用、と申し上げる。イネわらの還元だけで、毎年コシヒカリが一〇キロの硫安と二〇キロの過リン酸で安定してとれる。そんな田は乾土効果が大きく、いつも乾く田は乾土効果なんて出てこない。

第六章
有機栽培による良質米づくり

麦あとの良質米づくり

麦あとのイネは、大麦と小麦で大きくちがう。暖地ではコシヒカリのような極早生と朝日・ハツシモ級の晩生でこれも大差がある。麦わらをすき込むのと取り上げるのとでもイネの生育はすごく変わる。一様に麦あとといい切れないので、ここではそれぞれの場合を別にして解説したい。またその肥料設計も、地域と田のぐあいで大きく異なるが、第9表でめやすだけ示そう。

◆施肥のめやす

表中に尿素と硫安と両方の表現があるが、少し意味がある。尿素は量が少なくて散布に楽なこと、元肥尿素、追肥硫安と変えるとイネもめずらしがる。元肥尿素は畑状態での硝酸化流亡が二〜三日遅いこと。などが理由である。硫化水素の発生を抑える意味も少しある。そのほかには、穂肥の尿素は長もちすることがある。

この表は大ざっぱであり、地力との相談がないが、麦作前に堆肥を入れたり、盤土がヘドロや粘土の地帯は量を減らす。また、かんがい水が汚れている都市雑排水の流入する田も減ずる必要がある。

第9表 麦あとの良質米施肥のめやす（10a当）

	わら処理	品種	元肥（耕起前）kg	追肥（−50日〜−40日）	リン酸穂肥（−30日〜−20日）	チッソ穂肥（なるべくやらない）
小麦あと	わら切込み	コシヒカリ	尿素10〜15 過石20	−50日〜45日 硫安15〜0	過石20〜30	——
		朝日 ハツシモ	尿素15〜20 過石20	−45日〜40日 硫安10〜0	過石20〜30	（尿素5）
	わら焼き	コシヒカリ	尿素5 過石20	−50日〜45日 硫安10〜15	過石20〜30	——
		朝日 ハツシモ	尿素5 過石20	−45日〜40日 硫安15〜20	過石20〜30	（尿素5）
	わら取上げ	コシヒカリ	尿素5 過石20 塩加5	−50日〜45日 硫安10〜15	過石20〜30	——
		朝日 ハツシモ	尿素5 過石20 塩加5	−45日〜40日 化成30〜40	過石20〜30	（尿素5）
大麦・ビール麦あと	わら切込み	コシヒカリ	尿素7〜10 過石20	−50日〜45日 硫安10〜0	過石20〜30	——
		朝日 ハツシモ	尿素7〜15 過石20	−45日〜40日 硫安15〜0	過石20〜30	（尿素5）
	わら焼き	コシヒカリ	尿素5〜7 過石20	−50日〜45日 硫安15〜5	過石20〜30	——
		朝日 ハツシモ	尿素5〜7 過石20	−45日〜40日 硫安20〜15	過石20〜30	（尿素5）
	わら取上げ	コシヒカリ	尿素5 過石20 塩加5	−50日〜45日 硫安10〜15	過石20〜30	——
		朝日 ハツシモ	尿素5 過石20 塩加5	−45日〜40日 化成30	過石20〜30	（尿素5）

側条施肥田植機は、全層と側条と成分を振り分けるとよい。

※注○施肥は単肥配合を化成におきかえてもよい。
○わら取上げのみ、加里肥料が必要となるので化成に変えてもよい。
○過石を適宜、マグホスにおきかえてもよい。
○表は500〜600kgどりを基準として考えた。

さらに、麦あとは麦そのものの出来によってわら量に大差あり、四〇〇キロどりと六〇〇キロどりでは元肥チッソは二倍に増施しなければならない。

やりすぎの心配はあまりしなくてよい。麦あとは土地が荒れている。吸える肥料分はこっきり麦にもっていかれている。少々元肥や追肥を入れすぎても大丈夫。三〇日前ごろにこわいほどの葉色をしてても、穂肥をやらなければ大丈夫。どちらかといえば度胸よく施肥するほうが成功する。こわがって少しずつ追肥していては分けつが間にあわぬ。くれぐれも穂肥で追い込まないように。考え方としては省力のために元肥一発で追肥もいっさいなし、ともってゆきたい。

元肥一発で追肥も穂肥もなし、では、への字型とちがうのではないか、とお思いだが、何回もいったとおり、への字型とは肥料の入れ方ではなく、イネの育ち方なのである。

元肥を一発で尿素二〇キロ、なんて無茶なことをしても、イネには出てこない。切り込んだ麦わらがすべてを横取りしてしまうからである。イネは淋しいかぎりだ。わらが腐ってガスがおさまるころが出穂四五〜四〇日前になるのだ。そのころから勝手にガンガン出てくるから心配いらない。これが麦あとのつくり方である。

◆ガスわきは気にしない

麦わらでもとくに小麦はなかなか腐りにくい。照り込みと同時にまるで沸騰するようにボコボコと沸く。これは沸けば沸くほどよい。一挙に腐ってきた証拠だから。あまり心配なら途中で少し小干ししてガスを抜けばよい。私はガスはいっさい気にしないで放っとく。六月二十五日に田植えして、七二十日にはきれいにおさまっている。

◆元肥散布時にバクテリアを添加

麦を収穫して耕起し、田植えまでに充分な日数があればよいが、たいていは一〇日から二週間ぐらいである。麦刈り後一日も早く元肥の尿素にバクテリアをまぶして麦わらの上に一面に散布する。このバクテリアは好気性菌よりも、嫌気性に片寄った菌のほうが湛水状態で長く働く。いろいろなバクテリアの資材が市販されているが、低コストのためには反当バクテリア代金が二〇〇〇円までのものとしたい。中には反何万円もの資材があるが、こんなに高いもの入れても反二～三俵の増収は約束されないことをまず念頭におくことである。

私は乳酸菌を使用しているが、麦あとにはいろいろ試されるとよい。とにかく麦あとで麦わらの量の多いときは、バクテリアのお世話にならぬとそのイネつくりの期間に分けつが間に合わぬ。バクテリアを使うとガスわきが一〇日早くおさまる。

◆麦わらのすき込み方

施肥めやす表（第9表）には、麦わら焼いた場合と取り上げた場合を区別したが、決して焼くことを前提にしていない。堆肥材料や敷わらに利用するため取り上げるのは致し方ないとしても、田植えがつらいからとか、ガスがわくとかで焼却処分するのはもってのほかである。第五章の項でも力説したが、麦栽培の目的が土つくりと考えて、麦わらはすき込みたい。

田んぼに放火する放火犯は本書を読む資格はない。つらいすき込みを克服するのが百姓に課せられた責任であり、義務である。

その方法は前著『痛快ムギつくり』に詳述したのでここで簡単に書く。

①コンバインで細断した麦わらは枕地などに片寄るから、まんべんなく散らかすこと。

②麦刈りした夕方に尿素にバクテリアをまぶし、粒状過石二〇キロとともにわらの上にまく。

③翌朝、露で尿素が溶けてわらにくっついている。これをロータリー最低速で深くすき込む。耕起二回目はさらに深く、二〇センチになるよう。二回耕起で麦わらは九九・九％見えなくなる。深いほ

ど麦わらは隠れる。麦あとは浅耕はいけない。ロータリー爪は二山盛りにする。
④田植えまで二週間あってもよい。一週間でもよい。尿素はほとんど流亡しない。硫安はあまり日数があると硝酸化流亡するから、できれば耕起後五日ぐらいで水を張るとよい。田にタップリ水を吸わすと麦わらは代かきまでに半分腐っている。乳酸菌をまぜていると、尿素の炭酸アンモニアが乳酸とくっついて乳酸アンモニアに変わり、長ぎきする肥料に変わる。
⑤代かきもロータリーを決して早回ししない。最低速で回し、速度はやや上げる。土質の軽い地域は荒代かきと植代かきと二回やるし、粘質土やめり込む田はていねいに一回ですませるか、連続二回やる。とにかくロータリーを早回しすると、せっかく埋め込んだ麦わらが浮いてしまう。それと浅水での代かきが肝要だ。水が深いとせっかく埋め込んだわらが浮く。

◆麦あとコシは減収覚悟

暖地での小麦刈りは六月十日ごろで、田植えは六月二十日以降となろう。小麦を多収して反十数万円せしめた跡地なら、コシヒカリを植えて八俵でも満足しなければならない。コシの八俵は、農協出荷でも政府米の一一・七俵とったのと同じ価格だからぜいたくいうとバチが当たる。

麦あとの遅植えでは、朝日・ハツシモなどの晩生種を作付けするとこれは多収する。春田よりも麦あとのほうがよくとれる。それは、すき込んだ麦わらが地力として利用される期間が長いからだ。そして元肥多量でも、四五日前多量追肥でも思い切ってやって差し支えないからで、結果的に麦あとでの一〇俵どりはやさしい。天候に恵まれ、台風がなければ、ハツシモの麦あとの一一俵どりが続々と出ている。朝日では一〇俵どり、いとも簡単。だが、コシヒカリはそうはいかない。生育期間があまりにも短く、元肥や追肥もあまり度胸よくやれないから、八俵ねらいでガマンするのだ。あるいは七俵ねらいでもいい。尿素や硫安を使っても有機栽培といえる。これらは麦わらに与えたものだから。

◆ 青刈りすき込みの場合

ビール麦や小麦をつくりすぎて倒伏した場合、青刈りすき込みすることがある。

この場合は気をつけたい。麦の子実を収穫しないですき込むと、地力収奪なく全部温存していることになるのだ。麦をすき込んだからといって、施肥チッソや地力チッソは横取りしない。だから、元肥に絶対に何もやってはならぬ。イネ終生無チッソでも肥料分が余るくらいになる。

麦が総倒伏してすき込むと、正味一三～一五キロのチッソ分を全量土に戻すことになる。すき込まれた麦はまだ青いから独力で腐る。炭素率が低く含有チッソが高い。ちょうど牧草やレンゲのすき込みと似ている。

こんな田は、できれば良質米の作付けよりも、短稈多収悪質米の作付けに変更したほうが無難。もし無理して良質米を植えるのなら、坪三〇株以下とし、後半に過石を六〇キログらいぶち込んで倒伏防止をはからねばなるまい。

麦も実を収奪しなければ雑草や牧草と同じである。雑草でも減反田で繁茂すれば、それをすき込むと地力チッソは横取りしない。それ自身に肥料としての力があるから腐熟用の元肥チッソを入れてはならない。

各種有機質利用のポイント

大面積大農家で中期硫安一発、というスタイルの低コストのつくり方もある一方で、小面積の農家による有機栽培の良質米で一俵三万円以上をねらうスタイルもある。この項は特殊条件下でのつくり方として有機栽培をまとめてみる。

有機栽培の方式では、前項の青刈り麦や、ソルゴー、麦あとの栽培のほか、レンゲ田、野菜あと、鶏ふん、堆肥、米ヌカ、油カス、魚カスなど種々ある。だが、いくら高く売れる有機栽培でも、油カスや魚肥、骨粉は非常に高価である。コストを考えて安く入手できるなら取り組んでもよいが、への字稲作で増収するとはかぎらない。油カスを使うと、逆につくりづらくなるだろう。これらをふまえてそれぞれの場合を考えてみたい。

◈レンゲ田のコシは終生無肥料で

戦後の肥料不足時代にはレンゲ栽培は大はやりだった。家畜の飼料と地力増進に、裏作にレンゲの種をまいた。いまは有機栽培を試みる一部の人だけになった。レンゲもつくりづらくなっているのである。

大型圃場とコンバインのふみ固めで排水不良。発芽したレンゲの幼芽の上に切りわらが覆い、枕地はクローラで踏みにじり、ろくすっぽレンゲも育たない。ムラ出来になる。モコモコとレンゲが片寄って生え、雑草の生い茂るままになっている。

レンゲでの無肥料有機栽培をするには、何としてもレンゲをまんべんなく育てることが先決である。ムラ出来していては、追肥などのイネの管理ができないし、無肥料とすれば雑草あとはイネができずムラになる。

レンゲ栽培は、秋に降雨がなくて、よく乾く田にかぎられてくる。イネの立毛中に播種しないで、イネ刈り後、浅く耕起してからレンゲ種子をまくほうが育ちがよい。

レンゲは花の遅い大晩生種が青草の収量が多い。反当一キロまいて発芽率五〇％。残りは約八年間にわたって生えつづける硬実である。いちどまくと何年も生える。

レンゲがよく育つと、豆科だから膨大なチッソ量をもつ。必ず一平方メートルを刈り取って重量を計り、反当生草量何トンかのめやすをつけること。ところどころに生えて盛り上がったレンゲ田なら肥料成分は無視してよいが、足のふみ場もないぐらい育つと長さ一メートル、反当生草量五～六トンになる。よくできたレンゲ田は開花盛期までにすき込まないとチッソ過多となる。田植えの遅い地域では完全に枯れてからすき込むほうがチッソ量が減ってくれる。

とにかく、田植えの一カ月前にはすき込んでおきたいので、田植え時期に合わせる。

そして大切なのは、レンゲ田の初期生育はわるいから、決してあせらないこと。何が何でも化学チッソをふってはならない。反四トン（一平方メートル四キロ）の生草ならば、チッソ成分一六キロある。

レンゲの成分は、第10表に示した。

これはイネ一生のチッソ量の二倍近い成分量である。全部がイネに利用されないから、化学肥料のようなことはないが、生草四トンなら、コシヒカリは化学チッソゼロで、疎植でつくれる。止葉が出たころなお色が濃いければ、過リン酸で引き締める。レンゲ田には過石以外の肥料はいっさい入れて

第10表　レンゲ・クロバーの肥料成分表

	N	P	K
レ ン ゲ（生）	0.4%	0.1%	0.3%
〃　　（乾）	2.8	0.6	2.1
クローバー（生）	0.6	0.2	0.3
〃　　（乾）	3.5	0.9	2.3

◀この表を見て、レンゲの生草量のもつ肥料成分を考えると、とても化学肥料なんか恐ろしくて入れられないはず。

第11表　有機質肥料の成分表（%）

	N	P	K
鶏ふん（生）	1.6	1.5	0.9
〃　（乾）	3.5	4.5	1.5
米ヌカ	2.1	3.8	1.4
油カス	5.1	2.2	1.5
魚　粉	9.0	6.9	1.0
骨　粉	5.0	21.0	0
堆　肥	0.5	0.3	0.5

※注　この数値は品物により変動があり、平均的なものである。

はならない。レンゲの育ちがわるい場合は、四五日前の追肥期にイネの色と相談して少しは入れてもよい。

たいていレンゲあとのイネは、首イモチ、稔実障害、モンガレが多いものだ。晩期にレンゲの肥効がいくらでも出てくるからだ。レンゲによる有機栽培、ほんとうは相当にむずかしい。失敗の原因は、イネの初期生育がわるいから、つい化学肥料を追肥してしまうことにある。

レンゲ田を代かきしないで田植えすると水もちがわるくなるが、この場合、余分なチッソが流亡してくれて助かる。ていねいに代かきすると肥料分が流れないので、イネができすぎる傾向となる。

◆米ヌカ・鶏ふんは量に注意

米ヌカと鶏ふんは、最も安価で手っとり早い有機栽培向け肥料である。イネのわらは還元しても米ヌカは取り上げている。

麦をつくっても子実は収奪している。そのエキス、糠は各種肥料成分、微量要素、ビタミン類の塊である。これをエサとした鶏ふんも同じ、完全な形の肥料である。

これら有機質は分解が早い。鶏ふんは、冬なら一カ月、夏は一週間できく。米ヌカは油を含んでいるからこの二倍の分解期間がいる。肥料成分を第11表に示したので、有機質肥料を使う場合の量の計算に役立ててほしい。

鶏ふんは分解が早いから、冬や早春に入れると稲作時期には残効がなくなる。寒地や湿田では流亡損失は少ないが乾田ほど逃げてしまうので、前にも書いたが田植えの一週間前まで、できれば直前にすき込むのがよい。早くから入れておくと田植え直後に肥効が表われ、初期生育が快調になってへの字イネにならない。

第29図　コメヌカ400kg元肥一発のハツシモ

「への字」型に育って倒れない。

これは、米ヌカも、油カスも魚粉も同じである。

コシヒカリを化学肥料なしでこれら有機質肥料だけでつくるとしたら、量はそれぞれおよそ次のとおりだろう。

米ヌカ＝田植え直前に二〇〇～三〇〇キロ
鶏ふん＝田植え直前に一五〇～二〇〇キロ
油カス＝出穂五〇日前に八〇キロ追肥
魚粉類＝出穂五五日前に四〇キロ追肥

これならどれを選んでも全チッソ量が三～四キロとなる。一発で施肥終了だ。田んぼと地力によって加減されるとよい。

このうち、米ヌカは油脂が多くて分解が遅いが、腐り出すと一挙にくる。田植え直前に入れると、二週間ほどのちに猛烈なガスわきがくる。これが生育を抑えてくれ、都合よくへの字型育ちになる(第29図)。四五日前硫安や化成の施肥の代わりに、米ヌカ、鶏ふんは元肥として入れる。油カスや魚粉は追肥に使わないと初期にイネができすぎる。

有機栽培する人の中に、鶏ふんは抗生物質や成長ホルモンが含まれているから安全上問題がある、と神経質なことをいう人があるが、水田の場合、土の自然浄化能力は偉大である。土中のバクテリアが分解浄化してくれるからそんな心配はない。

◆野菜あとも無肥料出発

野菜あとは、つくった野菜と、残滓のあるなしでイネの育ちは大きくちがう。野菜収穫から田植えまでの期間が長いと残効は逃げるし、直後なら残効が多い。

たいていの残効は代かきのときに硝酸化流亡してくれるが、野菜の根が有機物として、残滓がしぶとくイネにきく。レンゲ田と同じように後半までもちこたえる。

野菜あとはとにもかくにも完全無肥料で出発することである。過石も入れたらだめ。過石入れるだけでも初期過繁茂する。

そうして待つ。出穂四五日前になお色が淡ければ残効がなかったから、遠慮しないで化学肥料ドンとやってよい。これがへの字型稲作のよいところである。四五日前にまだいい色なら四〇日前まで待つ。まだいい色ならそのまま放っておく。三〇日前になってまだ黒ければ過石で締める。楽な稲作である。きれいな熟色になってくれる。

出穂後なお色のさめないのは、残滓のせいである。野菜残滓はレンゲすき込み以上の肥料分をもつからで、春作のジャガイモの跡にコシヒカリをつくるなら、イモの茎葉は必ず他の田へもち去らねば倒伏する。キャベツの残滓も強烈な肥効があり、これをすき込むとコシの栽培は成り立たないかもしれない。

もし、キャベツあととか、堆肥の入れすぎとかで、イネが中期までに過繁茂し、倒伏必至という出来になったらどうするか。第四章の項でも書いたが、チッソ抑制のために硫酸カルシウム資材（過石・マグホスなど）をやっても及ばない出来の場合、これはイネをカットするしかない。

カットとは、出穂四五日前なら遠慮なくやれる。根元一〇センチぐらいのところからスパッと刈払機で刈り倒すのである。刈った茎葉はそのまま田面に散乱していてよい。四五日前なら、それから出た新芽は葉色は淡く、あと無肥料で大成功する。

うっかり四五日前をすぎて三〇日前になってもかまわない。ダメだ！と思ったときにはいさぎよく刈り払う。三〇日前にもなると、茎葉のまん中あたりで刈り払う。

こうした刈払いは倒伏防止、チッソ肥効切りには大した役割を果たす。

◆堆肥での有機栽培は四トンが適量

土つくりで堆肥については詳述した。入れる量は五トンにこだわったが、五トン入れると毎年では良質長稈種にとっては多すぎる。かといってまったく入れない年は無肥料ではもの足りない。毎年入れて四トン。これでコシヒカリが化学肥料過石二〇キロだけでつくれて理想的である。重ねていうが、堆肥を入れた田は、人為的にカリ肥料を入れてはならぬ。たださえカリ過剰のうえに施肥カリで害を出す。

その堆肥も入れる時期でイネへの肥効が大きく異なることは鶏ふん同様である。たくさん堆肥を入れるなら冬のうちに入れて浅く耕す。田植え直前に入れるのなら量を減らす。

堆肥中のチッソ成分も無機アンモニアになり、ついで硝酸にかわって流亡するから、乾く田で冬に入れるとチッソ損失がある。多量に堆肥を入れる場合はこのようにチッソを逃がす努力をすること。

有機栽培なら尺二寸角手植えを

◆手植えは最大の低コスト

畜産廃棄物の捨て場は手植えにかぎる。たとえ手植えでなくとも、坪二五株の疎植でないと良質長稈種は立っていてくれない。

手植えと機械植えでは苗質が全然ちがう。機械用の苗を手で植えてもこれは手植えとはいえない。あくまで畑で育てた、割箸のような六～七葉の強剛な苗を手で植える、あの昔のやり方である。こんな強剛な苗を一本ずつ、尺一寸角か尺二寸角に手で浅く植える。これがイネ本来の生育のお手本である。これなら、田んぼに何十トンの牛ふんが入っていようとコシヒカリはつくれる。

手植え苗のつくり方は、前著『痛快イネつくり』に詳述したがむずかしいものではない。畑で坪二合まきすればそれでよい。

手植えでむずかしいのは、浅く田植えすることだけである。深植えは茎数がとれない。茎数をとろうと心が焦って硫安をふるようでは肥えすぎて失敗する。

第30図　手っとり早い手植えのやり方

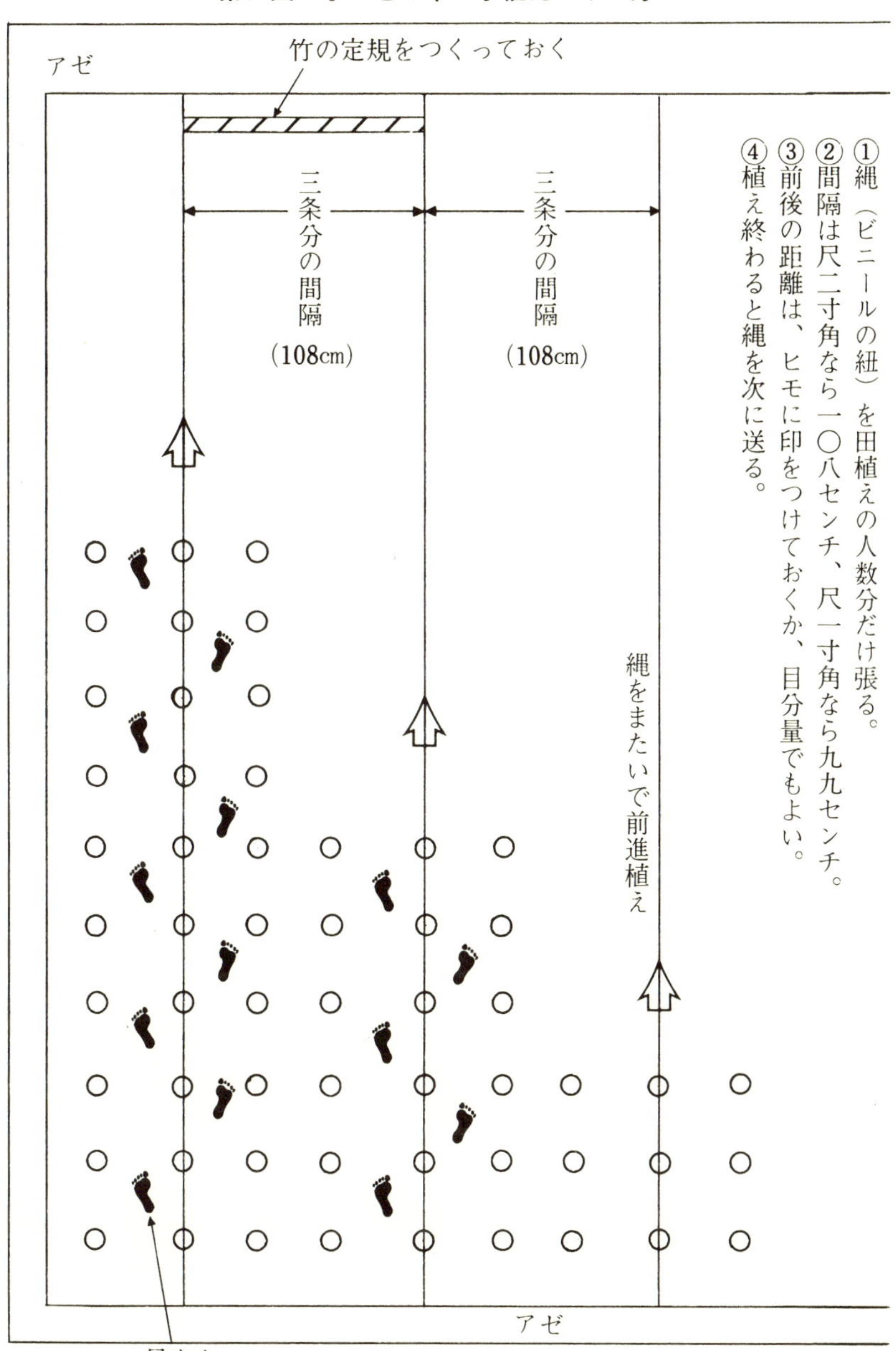

本書は低コストがうたい文句である。そんな手植えの昔の話、とバカにできない。手植えほど低コスト稲作はこの世にない。苗づくりは畑にバラまいておくだけ。手で苗を引き、束にして腰のカゴに入れ、田に縄を張って縄に沿って前進三条に植えるだけ。機械はいっさいいらないからだ。

五反ぐらいの農家は手植えがいちばんだ。馴れると一人一日で苗取りも含め一反は軽い。夫婦でやれば一日二反。五反なら二日か三日できれいにやってしまう。手植えに補植作業はない。機械洗いも注油もない。苗箱洗いもいらない。人間の手と足を洗ったらそれでおしまい。

手植えの苦痛は精神的なものだけである。もういちど、良質米を倒さず増収して、稲作の楽しみを満喫するために手植えを見直そうではないか。最も懸念される腰痛。これは前進植えなら腰痛はおこらない。後退しながら植えるから腰痛がおこるのだ。人間は前に歩く構造になっているからだ。

最も手っとり早い手植法は第30図のとおり。

尺二寸角は坪二五株。これで九俵から一〇俵どりは固い。やせ田は尺一寸角(坪三〇株)。一尺角(坪三六株)は田植えにヒマがいりすぎるし、多肥では倒れる。尺角が最も増収の可能性があるが。

◆尺二寸角は軽いV字型に

への字稲作は「元肥ゼロ⇩四五日前一発施肥⇩穂肥に過石」である。このやり方は尺二寸角では不都合である。遅れ穂がいつまでもつづき、初期分けつが不足するので青米がふえるからである。

V字型稲作理論は尺二寸角疎植にはピッタリの理論である。穂肥で追い込まないことだけがちがう。
①元肥に成分でチッソ二〜四キロは必要。
②四五日前では色はまっ黒のはず。もし淡ければチッソで二キロぐらい追肥する。
③三〇〜二五日前にやや葉色が淡くなること。土地が肥えていればなお黒いが、かまわぬ。
④少々色がさめても穂肥のチッソはやらない。安物悪質米ならやってもよいが、良質米はここで決してチッソをやらず、過石をやる。
尺二寸角に植えると肥料のもちは非常に長い。なかなか色がさめてくれない。穂肥時期にチッソをやらずに過石をやって色をさます。そのまま放っておくと開花後にまた止葉に色が戻ってくるものだ。

そして一本植えでも分けつは確実に一株に四五〜五〇本になる。坪当たり穂数は一一〇〇本になる。そして一穂粒数はコシヒカリで二三〇粒がそろう。

尺二寸角植えは元来イネは淋しくてもモミ数はとれやすい。坪一三万や一五万粒はつくが、稔実歩合は七五%がいいところ。だから一〇俵どりはだれにでもできるのである。うまくゆくと一二俵〜五石どりである。けど案外、これは虫にやられる。色が濃いので、ツト虫、メイ虫、コブノメイが集まる。無農薬では多収は無理。晩期にモンガルが出る。チッソ濃度が高いからだ。殺虫剤は二〜三回、モンガレは傾穂後に一回防除が必要となるのがつらいところである。八俵ねらいなら無農薬でいける。

もう一つ。このつくり方はコメの味は劣る。多収すればするほどコメはうまくない。コメ粒中に蛋白質がふえるからである。コメの見かけの質も、コシヒカリにあるまじき腹白や心白が出て、検査の際「これはコシヒカリじゃない」とやられることがある。千粒重は二三グラムバッチリになるから、よけいにコシではない、といわれるのだ。

尺二寸角での五石どり、思わぬところに伏兵があり、消費者にも「このコシはうまくない」とクレームをつけられることも覚悟しなければならぬ。そのために穂肥に過石だけを使うのだ。

直きまき栽培は高コスト低収・倒伏覚悟

私は長年直きまき栽培をつづけた。乾田直播も湛水バラまきも、密植も疎植も、コシヒカリも安物品種も、やれることはすべてやってみた。だが、直きまきほど高コスト不安定な稲作はない。これほど播種時の天候に左右される方法はほかにない。

◆乾田直播、コシは必ず倒れる

まず乾田直播だが、コシヒカリや良質米を倒伏させないでそこそこの収量をあげるには、モミ種量は反当二キロ以内のうすまきでないと成功しない。二キロでは尺角で一穴五～六粒、まともに出芽するのは四～五本。播種後雨に叩かれると欠株となり、大雨で冠水すると酸欠で不ぞろいになる。

これを防ぐため一穴一〇粒まきで坪七〇株が普通に行なわれるが、集団の力で叩かれた板状の土をもち上げるから発芽はよくなるけれど、こんどは過密になる。出芽ぞろいに淋しくないぐらいきれいに生えると気持ちいいが、どんなに瘦薄管理（やせづくり）しても必ず倒伏する。密播のコシヒカリはやせづくりしかないが細茎で小穂、収量は上がらぬ。

ほかに、除草剤が三回は最低必要となり、水もちをよくするための湛水後中耕が必要となる。除草剤代金と中耕の手間、そして後期の草引きなどで、コストは大幅に上昇する。

ハツシモ・朝日などはコシヒカリにくらべて耐倒伏性があるから、コシほど倒伏の心配は少ないから、積極的にやってよいが、やはり坪四〇株以内で一穴五粒は落とさないと出芽ぞろいがわるくなる。

岡山県南部は乾田直播の発祥の地であり、いまもなおつづけられているが、密植でしかも条播に近いので、倒伏を避けるやせづくりで収量は八俵が限界のようである。この低収の壁を破るには疎植しかないし、ヒメトビウンカによるシマハガレ病対策も肝心となってくる。

乾田直播によるシマハガレは、元肥をやることが原因となっている。出芽直後から葉色が濃いのでシマハガレが発病しやすい。乾田直播は絶対に元肥に化学肥料をやってはならぬ。施肥の手間のコストダウンにと、LPコート化成（五〇日～七〇日後にチッソ肥効の表われるコート肥料）を使っているのはよいが、このほかに速効性を併用することがいけないのだ。LPは価格が高い。これも廃止し、出穂四五日前まで完全無肥料を貫くべきである。

それと、除草体型がめんどうである。播種直後の粒剤処理は雨があると薬害を生じ、液剤では乾燥時にきかぬ。そして入水までに二回はスタム乳剤やサターン乳剤を散布しなければならず、入水後は田植え稲作に準じて除草体型の要がある。それでなお、出穂期にはヒエが多量に残る。

乾田でバラまきにすると除草処理さえ順調ならば収量は上がる。バラまきは基本的には一本植えであるから茎がしかりしている。だが、生育後半は風通しがゼロであり、ウンカとモンガレの防除を間断なくやらねば成り立たない。バラまきは、とても減農薬栽培などできる方式ではない。

まとめてみよう。乾田で直きまきするには次の方式しか良質米づくりは不可能だ。

①タ ネ ま き

種子量反二～二・五キロ。条間三三センチ×株間二七センチ。一株五粒まき。五月中旬から六月中旬までの間、田の条件のよいとき。種子消毒して浸漬は田植機稲作と同様の方法でやり、バイジット粉剤の〇・五％粉衣（モミ一〇キロにバイジット五〇グラム）して一日陰干し。ドリルシーダー使用。播種深度二〜三センチ。

②本 田 肥 料

元肥は完全無肥料。リン酸・カリもやらない。鶏ふん米ヌカもいけない。

③除 草 剤

播種直後に降雨前を避けてサタンバーロ粒剤三キロ散布。入水前にスタム乳剤一〇〇倍液にサタン乳剤一〇〇倍液反五〇〜八〇リットル散布（イネに黄化薬害出るが後日回復する）。入水後ヒエ一・五葉期ごろまでに水田用除草剤使用。

④本 格 的 施 肥

出穂四五日前に初めて施肥する。普通化成や硫安は流亡がはげしいので、長もちする固い緩効性化成（固型肥料かＩＢ化成）で、チッソ成分四〜六キロ程度。

⑤穂 肥

よほどのことがないかぎりチッソの穂肥はやらないで、過石二〇キロだけやる。

◆湛水直播はなお高コスト

一時期、低コスト稲作の目玉として、種子にカルパーコートする湛水直播が登場した。この方式の欠点は、一センチの深さに種まきしないと発芽がそろわないことである。これは田の均平度と代かき技術に神わざ的なものを要する。そして、浅植えゆえに倒伏に非常に弱い。一株に七〜一〇粒落とすので細茎となり、乾田直播よりも倒伏に弱い。カルパーコートに反三〇〇〇円以上のコストがいる。さらにコート機械がいる。まいた種は鳥に食われる。出芽後長期間、スズメ・カモに引き抜かれる。防雀網まで張って何が低コスト稲作か。そして入水の関係から周囲の田植え時期と同じになり、生育の遅れを肥料でとり戻す心境が倒伏をさらに助長する。

湛直のほうが乾直よりも高コストで不安定な稲作となるから、新たにはこれらに取り組まないほうが賢明であろう。直きまきの利点は、田植え作業の集中を避ける手段だけにすぎない。

なお、出芽直（でめちょく）という方式がみのる田植機メーカーで考案されている。ポット内で発芽したばかりのときに植えつける方法だが、実用化はまだ先のことである。

第七章　良質米品種の特性と選び方

これからの良質米は旧品種を追え

コメの内外圧は低米価に向けて突っ走っている。安物品種は安物のコメになってしまう。高米価の維持はコシヒカリ・ササニシキでなければならぬ。そのコシ・ササも、単一品種の集中で思わぬ障害が生じてくる。気象災害と耐病性、労力集中と作業の集中である。リスクの分散からも単一品種の集中は避けるべきである。また、安物品種が多いからコシ・ササが光るのであって、日本全国北はササ、南はコシとなっては良質米もタダのコメとなってしまう。

だからコシもササも現状のシェアが価値を高めているのであって、秋田県にこまち、岐阜にハツシモ、岡山に朝日が伸びてくればよいのである。これにあやかって他県でも、県独自の銘柄米ということで、熊本の旭、山形のはなの舞、長野のしなのこがね、愛知のあいちのかおり、と次々登場するのは外圧をはね返すのにはいい傾向である。

ただ、新品種を追い求める場合、銘柄米として育てるのに、米屋や消費者に名を売り込むのに、多額の宣伝費がムダ遣いされているのは遺憾である。この宣伝費は最終的に農家に負担がかかってくるからだ。

それと、コシを基本として外国イネの血を取り入れる育種方法、この姿勢に問題がある。すでに篤農家に知れわたったキヌヒカリ、あいちのかおり。すごい人気である。熱心な百姓はその特性も知らないで「ぜひキヌヒカリを、何とかあいちのかおりを」と血まなこになる。

よくよく来歴を検討してほしい。育種試験場の〝優点だけの誇大発表〟を、専門マスコミが増幅して「画期的品種！　コシを上回る食味」と書き立てる。そう書かないとニュース記事にならないからだろう。

その来歴を検討すると、最近の画期的食味、という品種には必ず外国イネの血を取り入れている。何回もコシヒカリをバッククロス（かけ戻し）してコシの血を濃くしたというが、品種特性の遺伝の法則というものはそんな甘いものではない。コシの品種特性の最も大きなものに「コシはその良食味を決して子孫に残さない」という一項があるのだ。この法則は破ることができない。だから、耐病性があって倒れないコシヒカリ、というものが出現する可能性はきわめて少ないのである。

衝撃的なキヌヒカリの発表。しかしこれには外国イネの血が両親ともに入っている。

純粋の国産品種を

品種の来歴、血筋に外国イネの血を引いているかどうか、ここがほんとの良質米か、見かけの良質米かのわかれ道である。

キヌヒカリには来歴は第31図に示したように、両親に外国イネの血がある。それは台湾陸稲戦捷とIR8である。アケノホシと同じ先祖である。

キヌヒカリをこきおろすつもりはない。来歴表のとおり、これを育成するのに北陸農試は昭和五十年から六十三年まで一三年間もかかった。気の遠くなる経費と歳月、育種家の努力。それを「税金のムダ遣い」とこきおろしては育種家にとんだおしかりをうける（ごめんなさい）。

両親とも外国イネの血を引き、放射線で突然変異をおこさせ、苦労した品種が、一〇年先に食味評価を得るか。大いに疑問をもつ。

あいちのかおりも喜峰（戦捷）の血が濃い。それでも食味試験は良好だが、こういうのは大成するかしないかは今後一〇年の歳月を要する。良食味の寿命が短く、環境の変化や栽培土地によって食味変化がはげしく出る傾向があっては大成しない。だから米屋のその筋の通は、外国イネの血のかかっ

第31図 キヌヒカリの来歴図

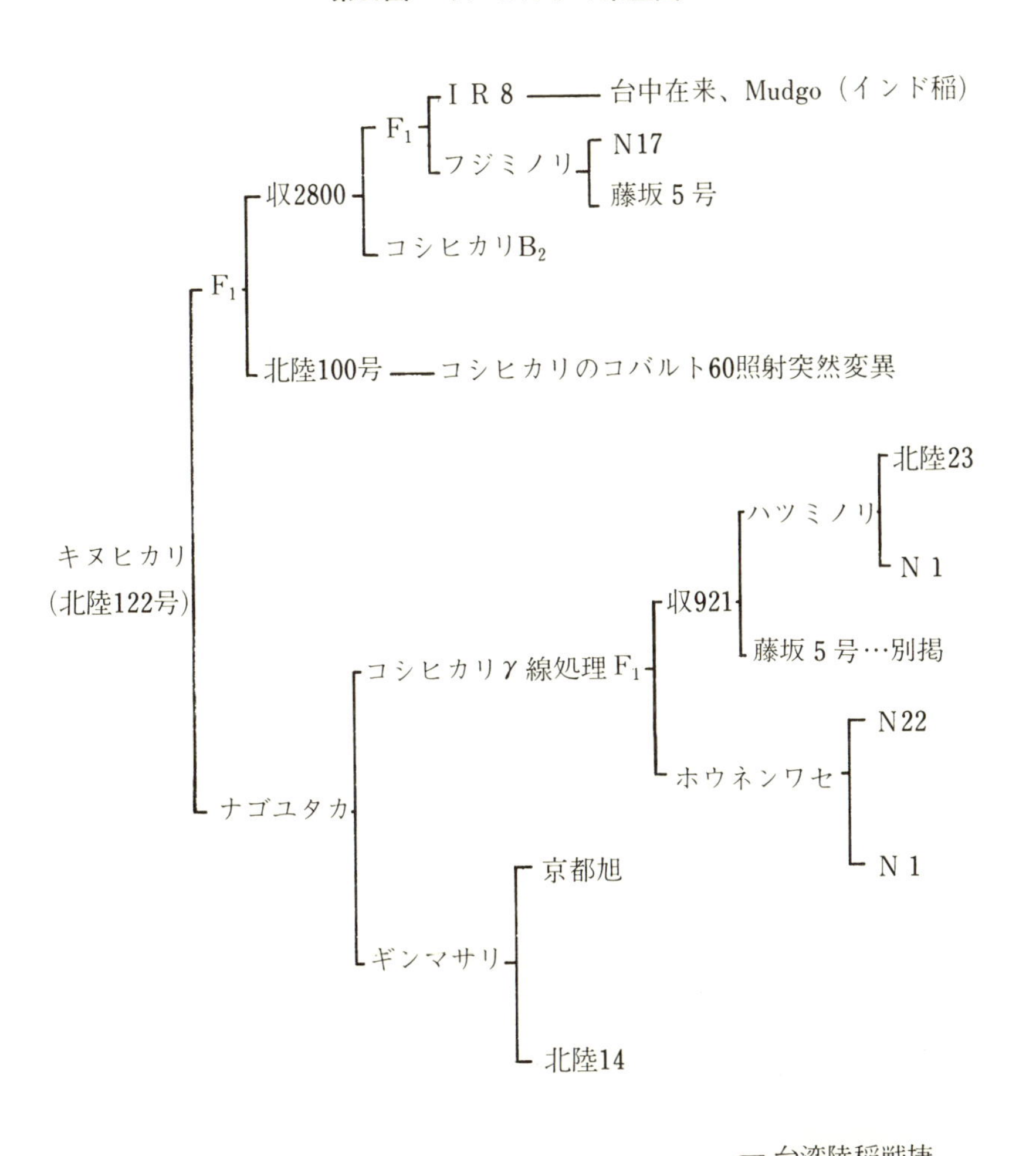

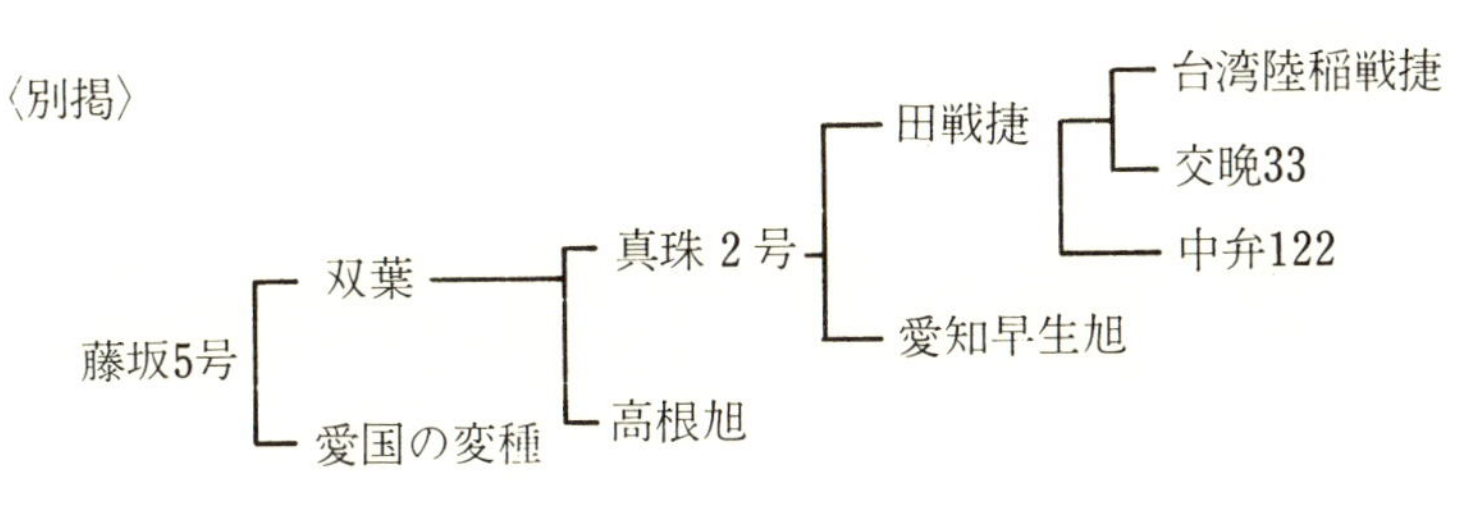

た品種は価格的にハンディをつけるのである。通の米屋が名を知っていないと高値取引される見込みがない。

育種家はコシヒカリを母体とした良食味品種を次々出している。九州の南海一〇二号もいままでの九州米のイメージを破るものにちがいないが、旭のように銘柄化するとは思えない。

だから新品種の育成ではなく、銘柄米とするには旧品種の掘りおこしが大切であって、育種家は今後、旧品種すなわち、純日本在来種をもういちど交配をやり直して、コシのようなものを掘り当てるほうが手っ取り早い。

昭和の始めと戦前戦後は、育種の重点が多収穫耐病性だけにしぼられてきた。たまにコシのような超美味米が出現しても、目的がちがうからと、いとも簡単に捨て去られた。捨てた中にコシよりうまい雑種が数多くあったにちがいない。交配による育種選抜は「目的以外のものは捨て去ることにあり」とされている。食味を重視しなかった食糧不足時代は、うまい品種はすべて捨て去られた経緯がある。その中で運よく、コシだけが奇跡的に生き残ったのである。

これからの時代は低収穫性でもよい。耐病性がなくともよい。栽培技術でカバーできる範囲のものであれば、食味のよいもの、これだけを目標に、農林一号と二二号の交配をやり直して、良質米を探し当てるべきである。

在来種にも多収型と良質型がある

コメ粒の中に、品種的にカリウムを蓄積しやすい型とマグネシウムを蓄積しやすい型がある。カリを蓄えやすい品種は総じて耐病耐倒伏性をもち、マグ型は食味がすぐれるが多収性に劣るといわれる。

在来種でマグネシウム型は、亀ノ尾・関取・大場（森田早生＝農林一号の親）・撰一・上州（農林六号の親）・旭・亀治・都など。

カリ型は、愛国・坊主・神力・白千本・名倉穂などと私は理解している。

この両型の交配で農林番号の品種が生まれ、著名な農林一号・六号・八号・二二号がいまの品種の母体になっている。

古い在来種中では、関取が最も食味のよい品種で、亀ノ尾と旭がこれに次いだ。関取は三重県で選出され、亀ノ尾は山形、旭は京都で生まれた。これらの純系淘汰で、愛国系、旭系、神力系、亀ノ尾系と分かれ、のちの良質多収のもととなっている。

古い品種は減農薬向き

関取や亀ノ尾はいまつくってもコシよりつくりづらいだけで実用性に乏しいが、これらをもとに育成された農林番号の若いものが良質多収を兼ね備えて価値がある。それらを一覧表（第12表）にとりまとめた。

これら古い品種は、元来無農薬・無化学肥料に堪えてきた品種である。昔はすべて無農薬栽培であった。その中でけなげに生き抜いてきた古い品種、減農薬によく馴らされている。いまから有機・減農薬栽培にふみ切ろうとする場合、古い品種を栽培しなければ適応性がない、といえよう。品種特性としても少肥でよく育つのが古い品種である。

最近の短稈多収悪質米品種では、多肥が条件であり多肥は病虫害の防除なしでは底力を発揮し得ない。そんな多肥型品種を無農薬で少肥でつくると本領を発揮できず、さっぱり収量が上がらないのである。

早い話、コシヒカリを無肥料無農薬でつくると七俵とれるのに、日本晴を植えたら五俵しかとれないこととなる。これが品種特性で、古い品種は少肥で多収の傾向がある。

さきほどのこき下ろされたキヌヒカリ。外国イネの血を両親から引くとすれば、外国イネのもつ悪遺伝子（ウンカが好む、モンガレがすごい）でとても減農薬栽培に向かぬ、というところまで思いをめぐらす必要がある。そして穂発芽しやすい欠点があり、これは食味劣化の早いことを意味する。

古い品種といっても大古の在来種のことではない。農林番号のついた、在来種を改良した品種のことである。亀ノ尾や関取をいうのではない。亀ノ尾は北陸で復活している。私も少しつくった。コシよりもつくり方はむずかしく低収で、コメの味もコシのほうが上。だから、古い品種とは、育成後三〇～四〇年たった農林番号の品種をさしているのである。

血筋がよくてもわるいコメがある

第12表にある古い品種で、系譜としては血筋がよくても、栽培地によっては腹白や白太が出たりして不評になり、消えていったものもある（N41号など）。血筋がよければすべて食味はよい、とはいえない。地方や天候により劣化しやすい性質をもった雑種もある。

また逆に、大分のクジュウのように、母親がうこん錦（戦捷の血を引く）で良質系でないのに、父親のN二九号の影響を強く受けて大分県の銘柄米に育ったものもある。

第12表　良質米の血筋（Nは農林の略）

早生系	中生系	晩生系
N 1 {森田早生(大場系) 陸羽132}	N 6 {上州 撰一}	N12 N18 } {大分三井 道海神力(宝)}
N17 {旭 亀ノ尾}	N 8 {銀坊主一愛国 朝日}	ミホニシキ(N68) {N12 愛知旭}
N21 {京都旭 N 1}	N22、N23、 N29、N32、 N37、N44、 東山38、近畿33、 近畿47 } N 8・6ファミリー	ハツシモ(N54) {名倉・朝日 N 8}
N41 {京都旭 北陸14}	近畿25 {畿内剛力 旭}	アケボノ(N80) {N12 朝日}
N50 {神力・関取 N 1}	ヤエホ(N88) {N22 N23}	旭 旭撰 朝日 } 在来淘汰
ササシグレ(N73) {N 8 亀ノ尾・旭系}	ヤマビコ(N106) {中京旭 N22}	松山三井 大分三井 } {愛国 神力}
ハツニシキ(N84) {N22 N 1}	チヨヒカリ(N103) {中京旭 N22}	
ササニシキ(N150) {ハツニシキ ササシグレ}	ナギホ(N115) {ハツシモ 東山38}	
コシヒカリ(N100) {N22 N 1}	マンリョウ(N116) {N29 近33}	
さわのはな {N 8 神力・関取・ 亀ノ尾系}	アキニシキ(N231) {マンリョウ コシヒカリ}	

基本となった在来改良種
良質米＝関取、大場、亀ノ尾、陸羽132、旭、朝日、上州。
多収米＝神力、愛国、銀坊主、名倉、白千本、十石、撰一(神力系)。

だから良質米は系譜だけがすべて、というと誤りであり、辛苦をなめて外国イネの血を取り入れた育種家に申しわけがない。そして在来種といえども、愛国・神力に代表される食味の劣る系統もコシヒカリに入っている、と反発されるはずである。

ここでは、少肥減農薬のためには第一に血筋が大切であり、何十年も栽培がつづけられて品性の劣化しないものを選ぶめやすとしたまでである。この点、お許しいただきたい。

食味のよしあしを判断するには何年もかかる。どんな天候の年でもどこでつくっても品質食味が損なわれず、梅雨越しでも変質せず、という性格を見抜くには一〇年はかかる。いちどや二度、食味試食会を開いても真価はわからぬ。ましてや食味計なるものは甚だ頼りにならぬ。何十年間これが証明されたのが古い品種である。コシヒカリも育成後四〇年を経過して古い品種の仲間である。いまだに味は劣化しない。だから新しいものを追い求めるのじゃなく、古いものを追いかけることが価値があるわけだ。

そして価値ある古い品種、この栽培にはもっと行政から優遇されなければ普及復活は望めないであろう。古い品種を普及するには一円も経費はかからないだろう。

おすすめしたい良質米の品種特性

本書の本文中にコシヒカリの特性を書いてきたが、要約してみると、

◆コシヒカリ（第32図）

①コメのうまさが長つづきする。
糠層が薄くて硬い。搗精に時間がかかる難搗米。硬いから中身の変質が遅く、モミの発芽性も遅い。

梅雨越しや古米で味の劣化が少ない。蛋白質含量は六・五～六・八％と低い。腹白や乳白米の発生がないが、疎植でチッソ過多だと出ることがある。千粒重二一～二三グラム。
②少肥でよく育ち、幼穂モミが退化しない。
日本晴の半分か三分の一のチッソ量で同じ収量をあげ得る少肥性。穂肥なしでもモミの退化減少はほとんどない。
③根が弱く、稈は引っぱり強度に弱い。
根が細くて弱い。下葉が枯れやすい。わらも使いわらには向かない。縄にすると弱い。

第32図　コシヒカリの来歴図

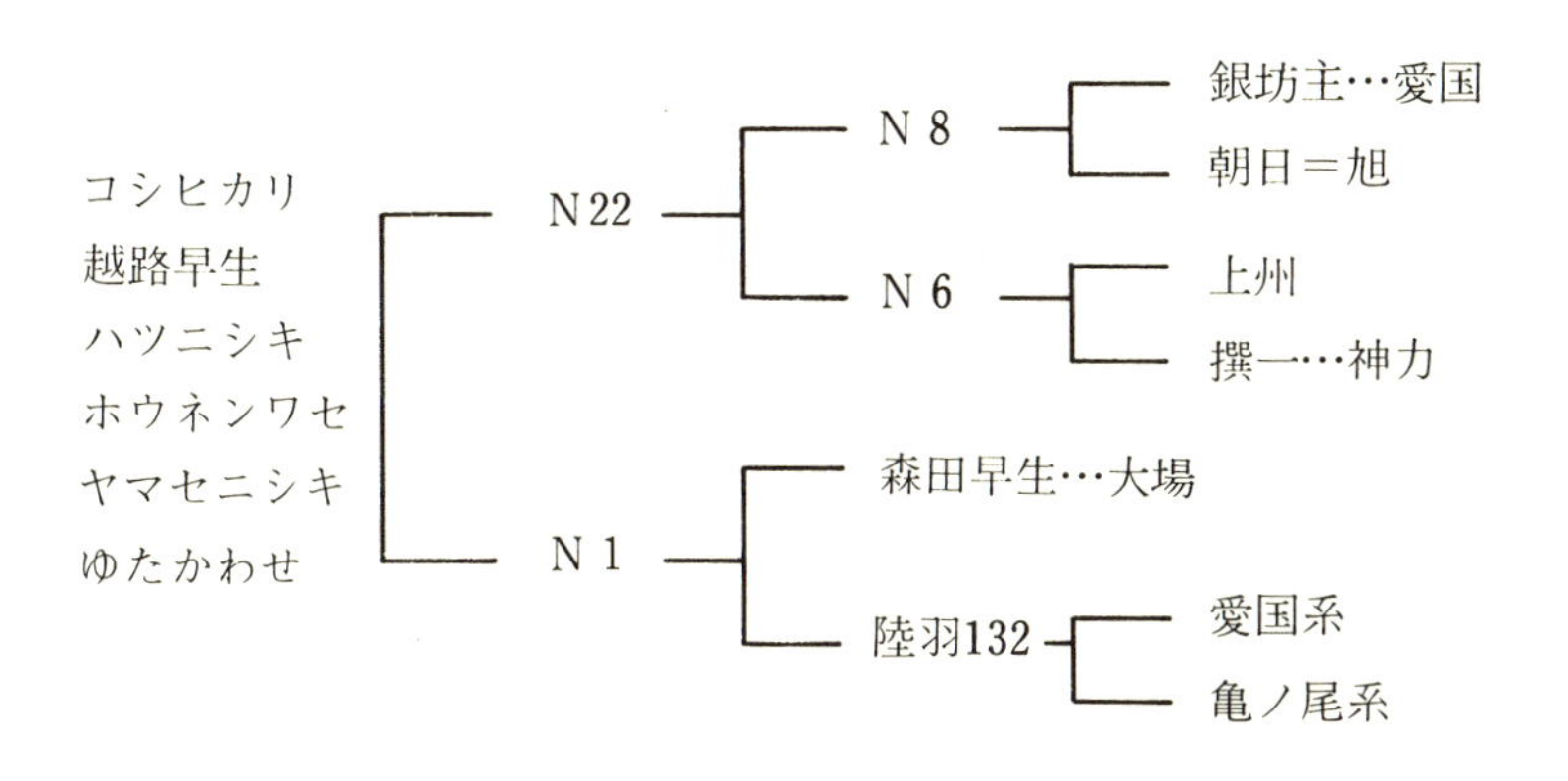

④病虫害には、イモチとモンガレに弱い。

イモチに弱い性格はチッソの施肥減で充分克服できるが、モンガレは晩期に高温地帯で発生が多い。虫には案外と強いほうで、とくにシマハガレには日本稲中最強である。発病しても株絶えすることなく、二～三本の発病にとどまる。

⑤高温でも低温でも順応性がある。

活着力も生育力も、登熟期も高温でも低温でも障害が少ない。どこでもいつでもつくれる広域適応性がある。背丈は八〇～一一〇センチと変動しやすい。

⑥減葉しやすいので晩植えにも適する。

タバコあとなど七月中旬の田植えでも、九月始めに出穂し、高温時の遅植えは減葉による利点がある。西日本では極早生になる。

第33図　ハツシモの来歴図

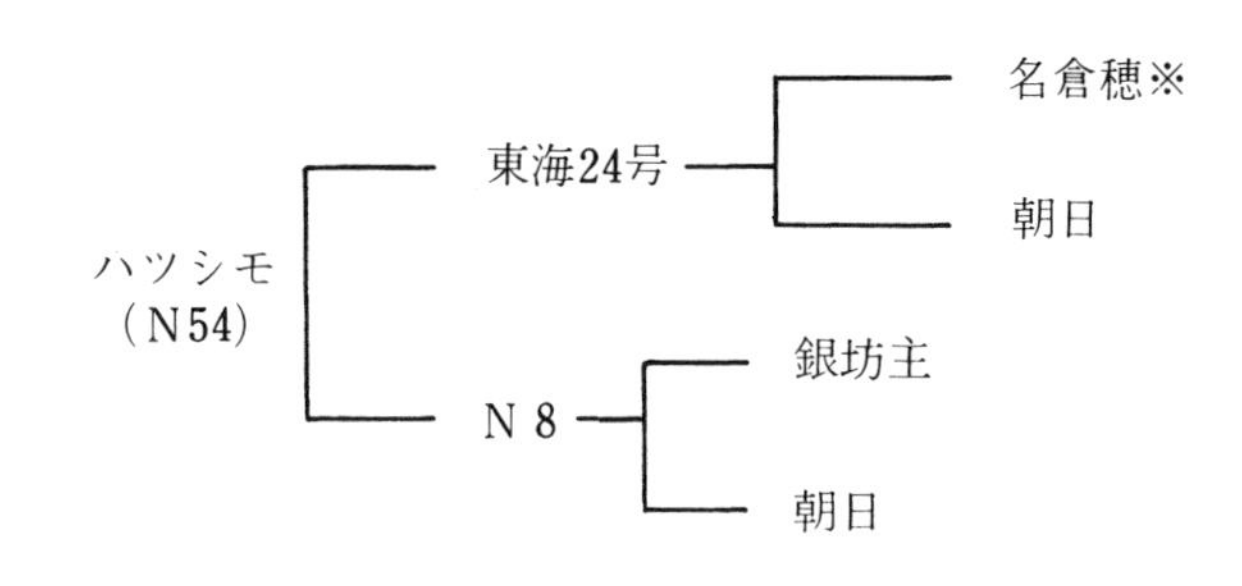

※注　名倉穂は短稈多収の晩生種で脱粒難。食味はやや劣る。倒伏強。

◆ハツシモ（第33図）

①長稈で草姿中間型。背丈は一一〇〜一二〇センチと変動が少ない。分けつもとれやすいほう。わらは太く葉も広い大柄のイネ。

②大粒種で千粒重二五〜二六グラム。万石式籾摺機では荒目の網が必要。粒は長い。食味は粘りはコシヒカリより劣るがササニシキと酷似する。長粒につき胴割れしやすいので乾燥に注意。

③出穂期は六月中下旬植えで、九州では九月三日、瀬戸内では九月八日、晩生種である。いくら早植えしても日長が短くならないと穂は出ないので、高緯度での作付けは無理。

④耐病性はすべて中。倒伏は挫折しやすい。脱粒難。熟色良好。

この品種はとにかくつくりやすい。少肥でよくできて一〇俵一一俵の収量は容易。米のうまいことはコシの次に一流。九州では熟期も中生でよく、九州の超銘柄米に育つ素地を備えている。疎植で減農薬少肥に最も適した品種といえる。コシよりも強いが倒れやすいので台風対策に全長一一〇センチに抑えるつくり方、への字稲作ならば成功する。従来の密植でのV字型栽培では例外なく倒伏する。背が高くて倒れやすいので各地で栽培が減少した。米屋筋では朝日ほどの知名度はないがハツシモの名は通っており、高値で取引される。次項の朝日にくらべて食味は同格、倒伏も朝日より強く、病気全般に朝日より強いので、収量は朝日にくらべ一俵は多い。ウンカが好むので防除必要。

◆朝日・旭

朝日も旭も同じものである。産地により朝日であったり旭だったり、同じものが二つの品種登録となっていたり。旭は、愛知旭・東海旭・京都旭・滋賀旭・早生朝日などあり、旭一号(晩生)から四号(中生)までいろいろ選抜固定されている。熊本県では旭一号、岡山県では朝日が奨励されているが、イネはほとんど同じもの。

朝日は現存品種で唯一の本格的在来種である。昭和二十年代までは近畿で大面積栽培され、私の家もかつては主力品種であったが、首がもろい草丈長いということだけで機械化の波に消えてしまった。

この中で、首のもろくない変異種を固定したものが旭撰(あさひせん)であり、一時期三重県の主力品種であったが、伊勢湾台風でコシヒカリの早期に代わってしまった。旭撰は元の旭よりやや短くて倒伏に強く脱粒難であるが、食味は少し劣るようである。

朝日と旭は晩生である。暖地専用である。出穂期は九月八日～十日。九州では五日早まる。茎太いが脆いのと長いので倒れやすい。すぐに挫折する。耐病性中位、暖地ではとくに病気は心配はいらぬ。全長背丈一一〇～一二〇センチ。

コメは千粒重二四～二六グラムの丸い粒。アケボノのように腹白が出ない美麗な品種。食味はコシの次にうまい。ササ並みであろう。欠点は何としても脱粒易。機械刈りで一俵はこぼれるので一一俵の作柄で一〇俵どり。胴割れせず搗精歩合高く、古来最高品質米。

この朝日、案外稔実障害に弱くて、穂肥をきかすとてきめんにモミガレ症状が出る。への字型につくれば倒れずきれいな熟色になる。シマハガレやイモチには、ハツシモよりはるかに弱い。

◆N86ファミリー

農林八号と六号の組み合わせは多くの良銘柄がある（一八六ページ第12表参照）。便宜上N86ファミリーと称した。この中でおすすめは次の品種であろう（私の栽培経験のみしか記し得ないが）。

〈N22〉

全長背丈一二〇の長稈。挫折しにくく、わん曲型。朝日より食味は劣ると感じている。だが日本の良食味の五本指に以前は入っていた。コシ・ササ・朝日・ハツシモ・N22が良食味の五傑。
出穂は日本晴より二日遅いくらいだから、かなり広域につくれる。コシのつもりでつくればコシよりはるかにイモチ、倒伏性は強い。大々的に復活させたい品種である。

〈N37〉

これは美麗なイネである。私は長年つくった。背丈は一一〇センチになり、わらは丸く細く、葉幅狭く、まるっきりコシヒカリ。ちょっとできたらすぐわん曲倒伏。モンガレに弱いがメイ虫に非常に強く、イモチにも極強。コメも小粒でそれは美しい。味もコシに肉迫する。晩生に近く、日本晴より一週間遅い。首は非常に強い。晩生コシヒカリ、と称したいイネである。種子が一粒でもほしいが入手不能が残念。収量は九俵どりが限界だった。小粒種は案外とれない。朝日・ハツシモは大粒だから案外収量が出るのと好対照。

これをつくっていた昭和三十年代、われわれの地帯では大粒種が良質米で、小粒種はうまくないと信じられていた。がN37はうまいのでサンナナの愛称で保有米にとっていた。やせた田では逆に収量がよかった経験がある。ホント、コシそっくりである。減農薬向けに好適品種である。

〈ヤエホ〉

N86ファミリーでこれは逸品。背丈は一〇〇～一一〇センチで割合い短いのに、すぐわん曲する。

うまいコメの証拠である。出穂期も日本晴より四日ほど遅い中生種。コメは大粒で見事、きれいでうまい。最大欠点は芽が出やすいこと。わん曲して穂先が地面につくと、刈取り時にキッチリ穂発芽している。これで私はやめてしまった。いまなお、九州の標高の高い所で、有機減農薬米に細々とつくられている。自然米はこの品種しかダメだ、といっている。それほど少肥でなければつくれぬ、というコシと同じ性格があるのだ。

〈近畿33号〉

コメはヤエホに似ている。粒荒く良質。兵庫県ではつい最近まで一類Aランクであったがコシに代わってしまった。収量はコシより少ないからだ。出穂期は日本晴なみで早いほう。茎の性が弱い傾向あり、つくりにくい品種である。いまも山陰で残っているが、名前がわるいだけに米屋にもう一つ評価がない。コメはネーミングも大切だナ、と感じさせられた品種である。

〈東山38号〉

これも大阪や香川で長年つくられた良質米であるが、ネーミングがわるい。とうさん38では売れぬ。これが命とりになったかどうか、衰微の一途。N22とほぼ同じ性格で、コメは小粒、つくりにくくて収量が上がらない。コシのほうがよっぽどコメがとれる。コシに負けて当然。

◆アキニシキ

これはN86ファミリーではなく、N二三一号昭和四十九年育成の新顔である。来歴がマンリョウ×コシヒカリ。純粋良質米どうしの組合わせで、米質よくて当然。日本晴より三日はほど早いので、日本晴地帯ではスズメに不利。それで作付けが伸びない。熟期で損した品種といえる。コメはやや大二三グラム級で良質、コシの粘り気をとったような味。かめばかむほどうまいが硬質である。粘りさえあればコシより上かもしれない。食通はアキニシキを軟らかめに炊くといちばんうまいコメだ、と評する。収量は日本晴なみにとれる多収性あるも、なびきやすい。わらはシンナリと粘い。有名な悪質米アキヒカリと名が混同されてかなり損している。

日本晴にとって代わって普及すべき良質米であり、背が低くて倒れる心配の少ないつくりやすいイネである。

◆ヤマビコ・チヨヒカリ

中京旭×N22の兄弟品種で、近畿中国山陰ではヤマビコは一世を風靡した。いまでも兵庫県では米屋筋でコシの次にほしがる良質米である。とにかく大粒種で二四～二五グラム出る。大粒信仰の関西では朝日の名残りで喜ばれる。食味は朝日にくらべて格段に劣る。N86ファミリーよりもランクは下である。つきべりのしないきれいな大粒、これは米屋が儲ける要素であろう。来歴からみればもっと良食味であってもよいはずだが、私も長年つくって保有米にせず、全量出荷したのは、やはりもう一つ味にパンチを欠くことである。背が一一〇センチになり、長くていきなり挫折倒伏がくるのは、稈に粘りがないからである。これは覚えやすい名前で売れた品種ともいえる。

◆ササニシキ

ここで品種特性を論ずる気はないが、良質米を代表する一方の雄であり、コシヒカリより倒伏に強いからと、暖地で栽培する希望者がある。あえて注意すべき特性を記す。

この品種は第一に、感光性が非常に強いこと。暖地で夏至をすぎると、積算温度も出葉枚数も達成していないのに、日長の短くなったことを感知して穂づくりに入る。分けつ最盛期なのに親茎や低位分けつ茎がスッと小さい穂を出してしまう。尺角に植えた場合、次々に不時出穂してなお分けつがつづく。それでも八俵ぐらいの収量はあるが、ササは早期栽培でないと暖地ではだめである。

第二に、暖地でも高冷地で早期栽培でつくると、味はそこそこ良好になったが、さきの不時出穂しながら育ったササは、日本晴に劣る食味となった。だからササをつくる意味は遊び心でしかない。サ

第34図　あきたこまちの来歴図

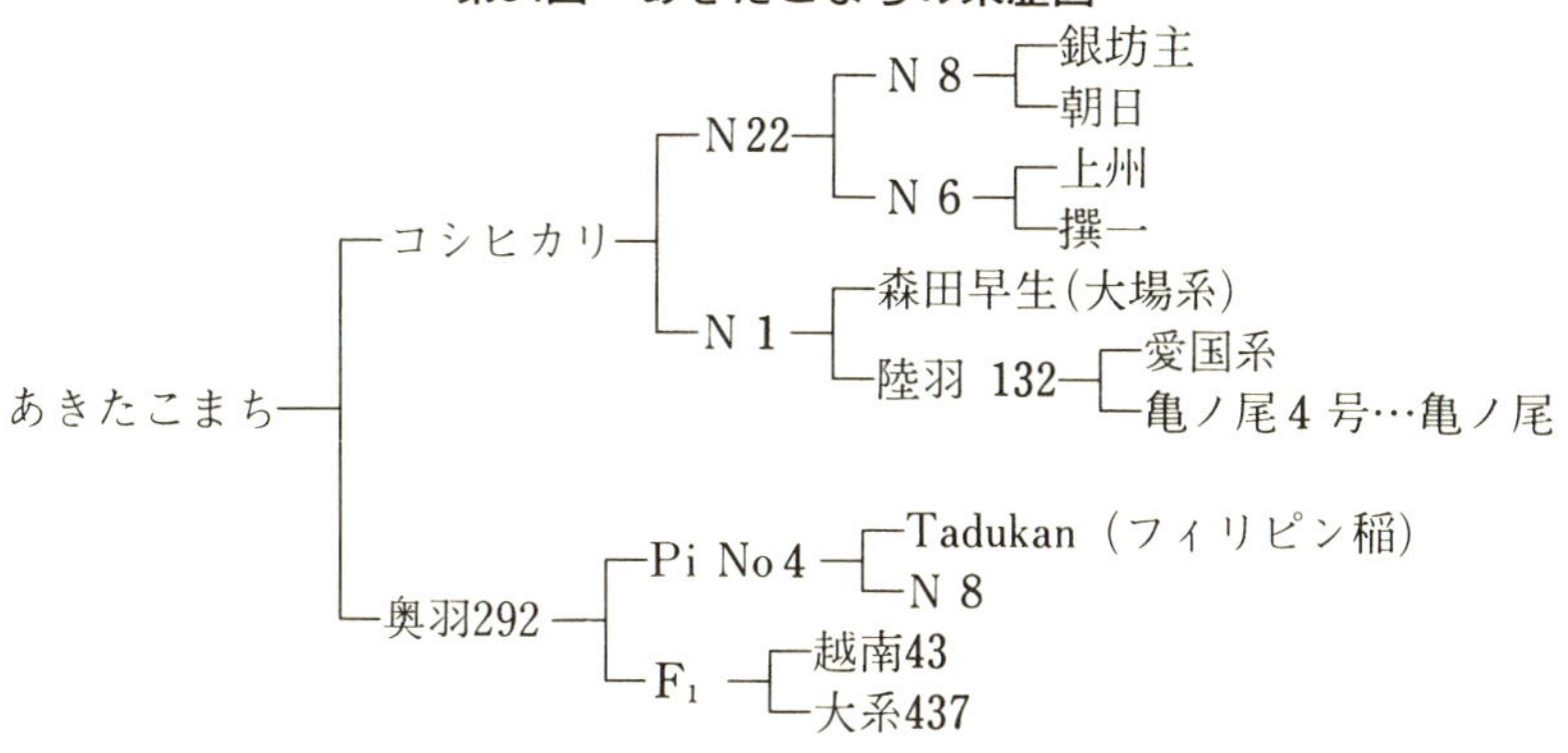

サはつくられる地域が限定される、という特性があり、広域性はない。暖地ではコシより一週間も出穂の早い超極早生となるからだ。

◆あきたこまち（第34図）

この品種も秋田県の宣伝力で盲信する暖地の百姓が多い。これも秋田だけの地域限定品種で、全国適応性はない。ササのように不時出穂は少ないが、コシより一〇日も出穂が早いので早期栽培にかぎられる。

それと、暖地では高温時出穂で、登熟も八月の盛夏。コメの味はさっぱりである。倒れない短稈種で、姿を見るととても良質米とは思えない強剛な草姿である。ササと比較して男性的で肥食い。まるで多収悪質米の姿。留意すべきはモンガレにすごく弱いこと。出穂後一回のていねいな防除でもとても防ぎ切れない経験がある。父親の奥羽二九二号が感心しない。

◆ キヌヒカリ

前に少しふれたが、北陸一二二号の旧系統名のとき専門マスコミが大きく取り上げた。食味はほんとうにコシ並みか、または上回るか、今後一〇年間で結論が出るだろう。ただ、暖地では、コシより二～三日出穂が早いことがいけない。コシでさえ出穂が早くて困っているのに、コシより早い早生は絶対にダメである。これの栽培は北陸地方に任せておけばよい。暖地ではまず、コシのつくり方をマスターするだけで充分である。百姓はそれほど〝倒れないコシ〟を望んでいるようだ。

◆ あいちのかおり（第35図）

この品種は私も食指を動かしている。試作した。まあ四～五年はハツシモとの優劣を慎重に見守る。ハツシモより一～二日出穂が早いし、背丈も一五センチ短いので倒伏性は有利。しかし、下葉の生き残りはハツシモより弱い傾向にある。稔実性も、かなり穂肥を節約しないと悪化する傾向とみる。

系譜は図のとおりだが、なぜ父親にミネアサヒなのか。コシの血をとり入れたいならコシそのものズバリとしてほしかった。倒れやすいのが良質なのだから、ハツシモ×コシヒカリ。これでやってほ

第35図　あいちのかおりの来歴図

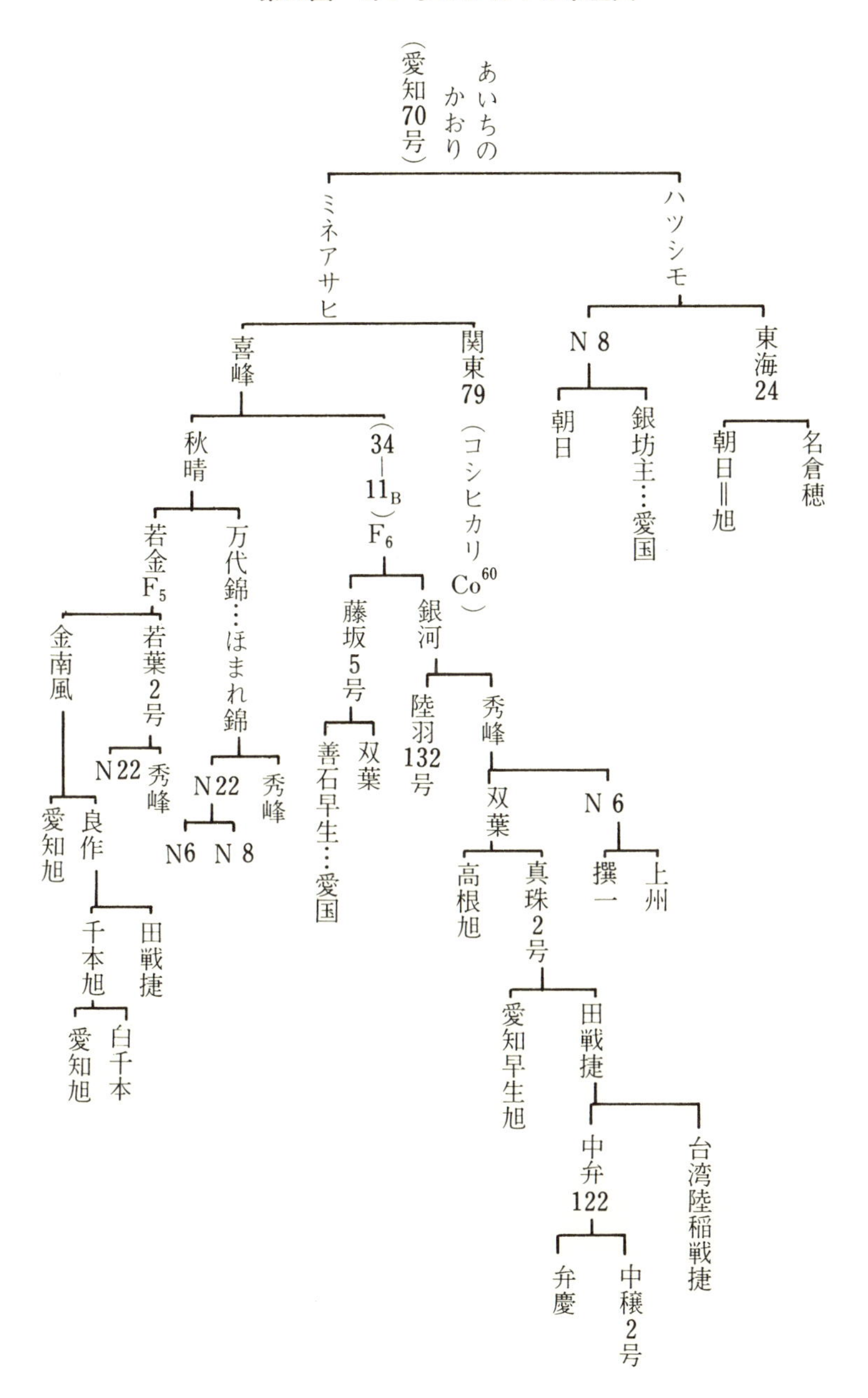

しかった。

◆酒米品種、山田錦・雄町

山田錦は全国的に酒造家では引っぱりだこである。雄町は岡山県の在来品種で、岡山県下で栽培復活の気運である。

昔から著名な酒米はどれもすごい長稈種で倒れやすく、収量はきわめて低い。倒れやすい、つくりにくい酒米ほど品質が酒造に適し、高値で取引される。

山田錦は全長背丈一二〇〜一三〇センチ、雄町は背丈一四〇〜一五〇センチに達する。これはいずれも晩生種で、早く田植えしても出穂期は九月初旬になる。早植えすればするほど長く伸びる特性がある。

コメ質は大粒、千粒重二七グラム級。大粒で心白発現率が多いほど良質であり、コメ粒中にタンパク質の含有が少なくなくてはいけない。

以上の特性から、長稈酒米品種のつくり方は、必ずへの字型で、穂肥チッソを入れないことが特性を生かすこととなり、長稈種を短くつくる方策となる。それでも反収七俵が限界の品種だから、欲を出さないつくり方が成功する。

今後育成してほしい良質米品種

すごい勢いで西日本にコシヒカリが伸びている。真夏の日長が短くて温度ばかり高い九州でも、普通期栽培のコシヒカリを無理しておしすすめている。これしか有名ブランド米がないからである。

西日本暖地ではコシでは出穂が早すぎるのである。スズメに困り、麦あとでは生育期間が短かすぎるので、決して適地適品種とはいえない。このコシヒカリがもう一〇日出穂期が遅ければよい、というのが暖地での切なる願いである。

第三章遅植えコシの項で、日本晴より遅く出穂するコシの選択個体を見つけた、と書いたが、このような品種育成はできないものか。

西日本では朝日が最高の良質米であるが、何としても首のもろい欠点が普及を妨げている。そして出穂期が日本晴地帯にとっては遅すぎるのである。

コシと朝日の中間の出穂期で、コシと朝日の中間の脱粒性、そして食味もその中間が理想。だれしもこう考えている。

いつまで待っても育種場でこれをやってくれないから、私は平成元年にコシと朝日の交配をすることとした。素人のやるお遊びでしかないが。倒れやすくてもよい、イモチに弱くてもよい、それが良質米の条件だから。出穂期と脱粒性さえ理想ならば、と育種方針を定めたい。余生の一〇年間で「コシ朝日」なる新しいイネが誕生するかどうか楽しみである。

育種場の良質米育成は、なぜコシヒカリとかけ合わせる相手に外国の血の入ったものをもってくるのか。あまりにも遺伝因子にとらわれすぎている。N22も、N37も充分なイモチ抵抗因子を備えている。

九州の南海一〇二号、これは黄金晴×コシヒカリ。なぜ黄金晴なのか理解できない。九州なら、ハツシモとか大分三井とか、N18とか、コシの相手とする良質米品種にこと欠かないではないか。

試験場は品種をつくるところ、百姓はこれをつくる人、といった従来のパターンを破らねば、いつまでたっても真の良質米は誕生してこない。

民間育種。やれるだけやってみようではないか。

井原豊は何の扉を開いたのか

宇根　豊●元福岡県農業改良普及員

井原豊が私たちにもたらしたものは、何だったろうかと考える。しかもこれから先も影響を与え続けるものは、何なのだろうかと考える。

一―井原理論が減農薬を惹きつけた理由

あらためて考えてみれば、不思議なことだが、それまでの稲作理論は、ただ収量性だけが追求されていた。病害虫が多発しやすい稲作であっても、収量が高ければいいという発想に、私はうんざりしていた。そういう稲作理論しか提示できないこの国の農学の体質が、百姓の稲を見る目、農を表現する目、環境をとらえる目を曇らせ、衰えさせてきたことに学者や研究者が気づいていないことに、腹を立ててきた。たとえば化学肥料のやり方だけで、しかも多肥栽培で稲の生育をコントロールするやり方では、病害虫の多発は避けられず、さらなる減農薬は困難なことをいやというほど思い知ってもいた。減農薬と同時に、減肥料は切り離せないと考え始めていたときに、「井原理論」に出会った。井原さんの眼差しが多収にだけ注がれてはいないこと、それどころか豊かな視点と新しい尺度を持ち合わせていることに惹かれていった。

井原さんは一九八五年の『痛快イネつくり』で早くも「減農薬」という用語を使用してくれている。さすがに目が早かった（拙著の私家版『減農薬稲作のすすめ』は一九八四年の出版。農文協版『減農薬のイネつくり』は一九八七年の出版である）。そして『痛快コシヒカリつくり』ではこう看破している。「虫見板による観察という減農薬技術も必要だが、への字につくると虫が来ないのだ。病気がでないのだ。元来、減農薬になるつくり方なのである」「指導機関のコスト低減というのは、肥料・農薬代のことはいっさい言わないで、機械代だの集落営農だの、湛水直播だのと、ピントはずれのことばかり騒いでいる」と。私は表現者としての同志に、しかも実に新鮮な思想家に出会えた。

井原さんとの出会いで減農薬運動は、稲作理論としても豊かな言葉を獲得していくことになる。

二―もっと深いところにあるもの

井原さんの話に惹かれながらも、いつのまにかもっと深いところにあるものが気になりだしていた。

井原さんの著作の表現法がその思いとは逆に過激になっていく印象を受けるのは、彼なりの文体が確立してきたからである。いわゆる「公的」な技術・指導に対する対抗が、思想だけでなく表現法でもできてきたということだろう。思いで批判することはやさしい。でも多くの官製技術への批判は、科学という表現法の前に敗北を続けてきた。科学は誰にでも伝わる言葉を体系として持っている。よく言うではないか。「科学的な見方をしないといけない」と。科学の手法を使って、数値を並べただけで、科学的な気がするのだ。「科学的」とは、証明済みの、疑いなしの、普遍性を持ったものとして認知されるということだ。しかもこの国の農学は、官製技術にしか興味を示さなかった。しかし、果たして科学は普遍性の証明になるのだろうか。井原さんは『痛快コシヒカリつくり』で「現場の私にはわかっても、背広の学者にはわかっていない」と、「科学」への不信をあらわにしている。それは科学を、経験を表現する道具としてしか見ないぞという、大胆で新鮮な決意表明でもあった。

じつは、科学と経験の関係は、単純ではない。たとえば、農業試験場の稲作の試験の成績書を見る。結論が書いてある。しかし、研究者によっては、同じデータから逆の結論を出すこともあるのだ。なぜなら、研究者といえども自分の経験の上に立ってしかものを見ることができないからだ。つまり、特に農の世界は決して科学だけではとらえることができないのである。しょせん科学などで説明できることは限られている。にもかかわらず、科学という武器を振りかざして、「公的」な技術や指導がまかり通るのが井原さんは我慢できなかった。その思いは最初の「農家は損するシリーズ」でよくわかる。今までの多くの篤農家は、科学を拒否して、経験を経験のまま、自分の言葉で語ろうとしてきた。そんなことはいつも日常会話をしている当たり前のことであって、周辺の百姓から一目置かれることはあっても、その地域に埋もれてしまうしかなかった。別に村の中では、それはそれでよかったのだが、科学的に表現できなくては普遍性がないという近代化精神に毒されてしまった世間では、存在価値さえ認められないのが問題なのだ。

しかし、井原さんの科学に対抗する表現は、当初まだ未熟だった。井原さんがそれを意識するのは「への字稲作」という表現を使い始めてからである。この表現は一見「V字稲作」への対抗意識を感じさせるし、そうであろう。しかし、井原さんの土俵は科学にはない。それはV字稲作を科学の土俵のうえで批判する橋川潮さんや稲葉光國さんたちとは違ったスタンスである。もっとも井原さんの独特なところは、科学を否定せずに、よく学んでいるところである。さらにそこから、科学を超えようとしているといえるだろう。本人は確実にそれを意識していた節がある。

ではなぜ、井原さんはそうした新しい前人未到の試みに手を染めようとしたのだろうか。単に官製の技術への反発だけではなかったろうと思う。その辺をもう少し考えてみようというのが、井原さんの影響を受けて、私がここに書きつづる理由だ。

三―個性の中にこそ普遍性が見える

いつだったか、井原さんの田んぼを見て、私が一番驚いたのは、畦が低いということだった。「いや、だんだん田の土が増えていくんで、畦が低くなるんだ」という説明になってしまった。そういう田んぼが試験場や研究所にあるだろうか。そういう田んぼがどれだけ全国にあるだろうか。よく今までの篤農家といわれる百姓の稲作は「特殊だ」という評言で片づけられてきた。「すごいことはすごいが、あそこの田んぼだけでしか通用しない技術だ」という切り捨てられ方をしてきたのだ。では、試験場や大学の圃場は特殊ではないのか。ほんとうは全国のすべての水田が、例外なしに個性があるのだ。一枚として同一条件の田はない。にもかかわらず、試験研究機関の水田での成績はそれだけで普遍性があるように思えて、井原さんの田んぼの成績はそうではないのか。要するに、官製の試験研究田の個性は目立たないだけの話だ。目立たないようにしているだけなのだ。

そこで「その田んぼだけで通用する技術」ということを考えてみることにしよう。ほんとうはすべての技術は「その田んぼだけで通用する技術」であるべきなのだ。そしてほとんどの百姓の技術が現にそうである。「いや、穂肥という技術は、どこの田でも実施されているではないか」と反論されるだろう。穂肥という技術は、たしかにどの田んぼでも通用しているかのように見える。しかし、穂肥のやり方もその効果も田ごとに異なるのだ。つまり、自分の田に合うように使いこなしているのだ。使いこなす能力（田の地力や稲の生育を見る目＝技術＝「土台技術」と私が呼ぶもの）があったから、「穂肥」という技術は全国に普及したのだった。ついでに言えば、農薬散布技術があんなに短時間に全国に普及したのは、病害虫を（虫見板で）観察して自分で判断するという「土台技術」が付随していなかったからである。その辺の構造に井原さんは気づいていたから、減農薬運動にいち早くエールを送ってくれたのだった。

技術の表面だけ見る多くの科学者には、技術の土台になっている百姓の個性が見えない。そうした個性や能力が存在しないところで成り立つ技術こそが、普遍性を持つという誤った価値観に洗脳されてしまっている。「その田んぼだけで通用する技術」のどこが悪い、と開き直るだけなら、井原さんは表現者として登場することはなかった。井原さんは「その田んぼだけで通用する技術」に、普遍性を見たのだった。科学者や指導員とは違う普遍性を見つけたのだった。

井原さんは、科学が「試験研究機関のその田んぼで、その研究員の考えの中でしか通用しない技術」なのに、どこでも通用する技術だという幻想をふりまく構造に気づいていた。むしろ「自分の田んぼだけで通用する技術」のなかに、どの田んぼでも採り入れることのできる普遍性を感じとったのである。たとえば、ある百姓にとっては、V字でもへの字でもよく稲ができるとしよう。それはその百姓がそれぞれの技術を使いこなしているからである。その上に立って、それぞれの特長を比較したときに、どちらを選択するかが（あるいはどちらも選択しないかが）その百姓の力量（楽しみ）なのである。つまり、そういう技術を使いこなし、判断できる技能を前提にして、井原さんの稲作は新しい表現の世界を切り開いていくことになるのである。それは官製の技術が、そうした百姓の個性や能力や力量を土台に据えることがないのと比較するとよくわかる。

四――土台技術の本

『痛快イネつくり』（一九八五年）と『痛快コシヒカリつくり』（一九八九年）を比較すると、格段に『コシ』の方が、表現が伸びやかで、激しい。その理由は何だろうか。それは『コシ』の方が土台技術の記述が増え、しかも表現が科学に寄りかからず、科学の世界から遠ざかってきたからだろう。井原さんのほんとうの魅力は、反官製技術だけを見ていたのではわからない。むしろ従来の多くの稲作技術が上部技術に偏り、土台技術を記述してこなかったことに着眼したらいい。学者の本はやむを得ないだろう。上部技術の研究しかしていないのだから（たとえば農業試験場では、土を耕し、水をかけるのは、研究者に指示された現業職員であることがこのことを象徴している）。では百姓の書く本はどうなのか。学者をまねて科学で記述するか、さもなくば自分の田の記述のみに陥っていくのである。井原さんは後者を選びながら、悪戦苦闘することになる。何より井原さんの体験は、土台技術の豊かな百姓によって試されることになった。その結果は井原さんには立ち往生してしまう。なぜなら、自分の田とは全く立地条件も、環境も、手入れする人間も違う田の稲に、そっくりそのまま自分のやり方があてはまらないことを知るからである。にもかかわらず、多くの百姓がへの字稲作をその人なりに解釈して、参考にして、噛み砕いていっている様を見て、自信を深めるのだった。だから『コシ』の内容は、過激ではあるが、断定はしない。曖昧な（幅を持たせた）表現が増えていく。井原さんのすばらしさと、すごさがここにある。

五—新しい表現法

自分の事例を伝えるだけなら、こんなに表現法を工夫する必要もなく、新しい言葉を生み出す必要もなかった。ところが、井原さんの理論に賛同する百姓は例外なく、土台技術をしっかり身につけている人たちである。まず身近な百姓から、彼の稲作理論（当初は理論というものではなく、実践そのものの表現でしかなかったかもしれないが）は「その通りだ」と支持された。一人でも同調者がいれば、運動が始まる。まして多くの百姓から支持された。しかも稲作技術だけでなく、井原さんの姿勢が、語り口が支持された。ある種の「井原運動」とも言うべきものが生まれたのだ。ただ運動が広がり、さらにパワーアップしていくかどうかにはいくつかの分かれ道がある。まず新しい運動にふさわしい言葉が生まれるかどうかである。井原さんは、自分の中だけで、あるいは友人たちと会話しているだけの時と違って、新しい表現法を見つけねばならないと思ったはずである。自分の稲作実践を、「理論」として表現せねばならないという自覚が生まれるわけだ。しかし、科学の言葉を借りるわけにはいかないのだ。幸い官製技術の科学的な表現の胡散臭さにうんざりしていた百姓の支持によって、井原さんの表現法は磨かれていくことになる。「への字」という表現こそ、そうした新しい息吹を感じさせる言葉ではないか。

井原さんの表現法の特徴は、次のように整理できるだろう。①科学や、学者の研究を拒否しなかった。②しかし、だからこそ、科学や学者を深いところで批判できた。③徹底的に自分の経験の上に立ち、それを貪欲に「理論化」し、科学に頼らずに表現しようとした。④だからこそ、新しい表現とスタイルが生まれた。しかし、⑤そういう試みは、まだ評価されていない。それは私が目指す新しい農学かな、あたらしい農法の表現法かな？　と思う。

ところで、「への字」は、ついにこう表現される。「堆肥だけで土地を肥やして自然栽培するとへの字に育つ。また減反田に自生したイネを見てもへの字に育っている」。への字の理論的な根拠を、とうとうここにまで持っていく。これが表現法なのだ。これが思想形成というものだ。井原さんは、への字を固定化（マニュアル化）しないで、（といっても、いくつかのパターンは示しつつも）ぜひ自分のかと、懸命に「官製の科学」に対して、百姓の経験を鼓舞しているのだ。

田で試みてほしいと、何回もくり返している。だって、イネの本来の育ち方が、そこにあるではない

六―その田だけで通用する技術のすばらしさ

「その田だけに通用する技術」(A)が、「どこにでも通用する技術」(B)より優れているわけを説明しよう。Aはその田の、他の田にない特徴を必然的に認識させる。その田の個性が際だつことになる。その個性をつかみ活かそうとしている自分の姿勢と能力と努力が問われることになる。後者はいよいよ没個性的になる。技術の良し悪しはそれをすすめた指導機関の責任になる。井原理論はAを求めるなら、ぜひ考慮してほしい、と問いかける。決してBであるとはいわない。しかし、指導機関がすすめるマニュアル化した「V字稲作」よりはずっとBである、といっている。でもどうして「への字」がBなのかは、それぞれの百姓が白分の田でAであることを確認せねばならないというのである。

この態度は最近流行の微生物資材の普及推進学者が「効かないのは、マニュアルどおりやってないからだ」と教祖にでもなったような言動をしているのとは対照的だ(科学は百姓の個性を軽んじる限りは、宗教に近いことがわかるだろう)。たぶんこれからの新しい運動は、井原的なスタンスをとるしかない。

次のような表現は経験に根ざしながらも、実に謙虚で科学的な印象すら与えるのはなぜだろう。へ

の字について「出穂五五日前から四〇日前までの間、本格的に肥をやれ、と書いてきた。じゃ、いつ、何を、どれくらいやるのか、と具体的な数字を教えろ、とよくいわれる。これは機械に油をさすようなわけにはゆかない。全国一律ってこともムリだ。キミの田んぼだ、田んぼとイネに相談していいあんばいなところを見つけろ、というほかない」といいながら「なにがしかの目安として、一覧表にして参考にしよう」とサービス精神も旺盛なのだ。

また「水管理なんて、だれでもむずかしそうにいうが、こんなのほんとはどうでもよい」、要するに田によって違うというのだ。「三湛四落」などというくだらないマニュアルを拒否している。そして大事な土台技術はこう記述されている。「とにかく、田を干せば、下葉が枯れる。これは確実である」「一日に二〜三センチの地下浸透のある田は、一生イネをガブガブ管理したほうが出来はよい。そして登熟期に力がある」「出穂後の田に入りたいときは、節水で田を固めることが大切」。

への字の追肥技術は「上部技術」である。しかしそれは「土台技術」を活性化させる。お上のすすめる「直播栽培」がけっして「運動」にならないのは、土台技術に依拠しないからだ。人間の心に深くイカリをおろす技術でないと運動にはならない。近代化技術に毒された稲作を再生させるためには、もっともっと魅力的な運動が生まれてこなければならない。そのためにも井原さんに、もっと「土台技術」を表現してほしかったと思う。

七—井原さんの影響

井原さんの遺産は、それぞれの人の心と体の中に、そしてイネを見るまなざしを変えてくれた田んぼと稲の中に、生きていくだろう。最後に、運動としての井原理論のパワーを見つめて、私の井原さんへのお礼としよう。

・官製技術ではない技術論が豊かに展開できる、ということを教えてくれました。私は土台技術に立脚した新しいほんとうの稲作理論を、つくりあげていくつもりです。

・技術を形成していく主体が百姓であり、地域性があることを教えてくれました。画一的な技術が普及することのいやらしさを、お上の責任にするのではなく、対抗する理論と表現の力不足を克服する姿勢からこそ、変革をおこせるのです。

・減農薬運動の裾野は井原さんの力で、さらに広がりました。収量だけでなく、稲作を豊かなまなざしで見る新しい時代の稲作理論の扉が開かれました。

・環境までも視野におさめた稲作理論が生まれそうです。そうなのです。稲作理論・稲作運動とは、稲や田んぼだけでなく、稲や田とかかわる人間や環境やくらしを豊かにするものであってほしいものです。井原さんが途上で残したことは、私たちの未来の仕事です。

出典：『井原死すともへの字は死せず　井原豊追悼集』（１９９８年　井原豊追悼集刊行会）

著者略歴

井原　豊（いはら　ゆたか）

1929年大阪市生まれ。1942年兵庫県太子町に移る。1944年から農業に従事。戦後、国鉄、兵庫県警、自動車学校、信用調査会社に勤務。1976年「オールド4Hクラブ」結成。1980年『現代農業』に執筆開始。1984年から専業百姓。約1haの水田で米麦野菜をつくりながら、執筆・講演活動を行なう。1997年死去（67歳）。

著書（いずれも農文協刊）
『ここまで知らなきゃ農家は損する』（1985年）
〈ここまで知らなきゃ損するシリーズ〉
　『痛快イネつくり』（1985年）
　『野菜のビックリ教室』（1986年）
　『クルマで損する』（1986年）
　『痛快ムギつくり』（1986年）
　『痛快コシヒカリつくり』（1989年）
『写真集　井原豊のへの字型イネつくり』（1991年）
『図解　家庭菜園ビックリ教室』（1994年）
ビデオ・DVD制作指導
『井原さんの良質米つくり　低コスト経営編／への字型栽培編』（1991年）
『井原さんの産直野菜つくり　美味安心栽培編／なるほど輪作編』（1995年）

ここまで知らなきゃ損する
痛快コシヒカリつくり

1989年3月5日　初版第1刷発行
2013年5月31日　初版第28刷発行
2019年10月25日　復刊第1刷発行

著者　井原　豊

発行所　一般社団法人 農山漁村文化協会
〒107-8668　東京都港区赤坂7-6-1
電話　03 (3585) 1142 (営業)　03 (3585) 1147 (編集)
FAX　03 (3585) 3668　振替 00120-3-144478
URL　http://www.ruralnet.or.jp/

ISBN 978-4-540-19176-3
〈検印廃止〉
印刷／藤原印刷㈱
製本／根本製本㈱